理工学基礎シリーズ

# 詳解 圧縮性流体力学の基礎

元関東学院大学講師　博(工)　森　田　信　義　著

日　新　出　版

# ま え が き

機械はもとより自然や社会の中で，流れがその命となっていることが多い．内燃機関における吸排気や潤滑油の流れ，生体内の血液・呼吸気や神経系を伝わる生体電気信号の流れ，地球を取り巻く大気の循環，また人や車の流れ，物や資金や情報の流れ，教育や研究における知識や取組姿勢の伝承などにその例を見ることができる．そこに流れが在るということは，その系が生きていることであり，流れは生そのものであると言えるかも知れない．流れが発生し，命となって生きている領域は，我々の暮らすほとんどの領域に及ぶが，無論，本書の目的は，これらの様々な流れを取り扱うことではない．本書では，理工系の主要基本力学の一つである流体力学，しかも，圧縮性のある気体の高速流における流体力学の基礎について述べる．したがって流体力学の一分野であるのだが，普通に比べてかなり速いものには，シンプルに人の心を躍らせる魅力がある．

圧縮性流体の流れは，我々の身近にあって普段目にする水などの液体の流れと何が異なるのであろうか．空気など圧縮性流体である気体においては，流体の構成分子が液体のそれに較べて自由に動くことができる．逆にそれはその体積を縮めることができることを意味し圧縮性を持つ．その気体の構成分子が動く速度は温度と関係していて，気体の構成分子の持つ運動エネルギー，すなわち内部エネルギーを外部で感知した状態量が温度である．熱の授受が，同じく構成分子の運動速度の二乗に関係する圧力など，他の状態量と関係し，流れを変化させる大きな要因となっていることは，圧縮性流体の流れの特徴である．また流体の流れは圧力差によって発生するが，圧力差が伝わる速度，すなわち圧力の伝播速度が圧縮性流体の場合は分子間に距離があり，それ故伝播速度が比較的遅く，時に流れの速度が圧力の伝播速度より早い場合がある．すなわち，超音速流が発生するが，これも，圧縮性流体の流れの特徴である．また，圧力が伝わる領域と伝わらない領域の境界に波と称する状態量の不連続な面が形成されるが，面の両側の圧力差が非常に大きな不連続面の場合が衝撃波である．また，液体の流れでは流れを加速するにはその流路断面積を狭くしてゆくが，圧縮性流体の流れでは，音速までの加速は液体の場合と同じであるが，音速に達したあとさらに加速して超音速の流れを形成するには，逆に流路断面積を拡大する必要があるという特性を持つ．すなわち圧縮性流体の流れでの流路断面積と流れの速度との関係は，亜音速流と超音速流では逆の特性を持つ．我々の接する自然現象の中に，このような特異な性質が織り込まれていることは，非常に興味深い．先人達も，思いもよらない発見をし，その再現性や特性を丹念に計測・集積し，その中に法則性を見つけて学問として体系化し，さらにそれらを活用・制御し工学や技術として人間の生活の向上をはかってきたように思う．

筆者は，関東学院大学大学院博士前期課程工学研究科の大学院生に，非常勤講師として「 圧縮性流体工学特論 」を教える機会が与えられて長年教えてきたが，受講した大学院生は，必ずしも流体力学を専攻する大学院生だけとは限らず，機械工学系全般に渡っていたため，講義では圧縮性流体力学の基本的な事柄から出来るだけ丁寧に説明した．本書はその時のテキストをベースにして講義で説明を加えた内容を付加したものである．また逆に，講義の内容の中に含んでいたファノー流れとレイリー流れは，本書では割愛した．

圧縮性流体力学を学ぶ時に，幾つか乗り越えなければならないハードルがある．数式が多く，特に指数に比熱比 $k$ を含む数式や微分が出てくる．従って本書では，式の基本的な考え方や式の導出の過程や展開もできるだけ丁寧に記述し，時に式の項の物理的意味を説明した．圧縮生流体における現象や，この世の自然科学における諸現象の性質を数式で表わすことができ，さらに数学の定理や法則のもとでその数式を展開し，その上で得た数式に基づく定量的結果が，実際の現象と近似することや一致することは，数学の持つ性質が自然現象の中に息づいていることであり興味深い．無機質とも思える数学が，命を持つもののように変化する自然現象を良く説明し得ることは，非常な興味と魅力を感じる．

本書においては，その箇所以前に記述した式を用いて式を展開する際は，引用する式を再記載し，戻って頁をめくる手間を省くようにした．それによって，展開のベースとなって多く用いられる式は何回も出てくることになり，自然と読者の頭の中に刷り込まれると当時に，極端な言い方をすれば，全体を読み物として読めるような記述の流れを意識して記載した．

読者諸兄が，研究者や技術者として，研究課題や開発課題と取り組む時，対象とする研究モデルや開発製品は，それまでのものと同一でない場合がほとんどである．そこでは，既知の知識を十分に理解・活用しながら，自分の頭で考えることが求められる．本書は，圧縮性流体およびその流れの状態量や現象の根本をできるだけ丁寧に説明して，頭の中で状態量の変化や現象をイメージできるようにも努めた．

尚，本書を執筆するに当たり，内容は次の書籍を参考にした．著者に深く感謝を申し上げる．


・Ascher H. Shapiro：「 The Dynamics and Thermodynamics of COMPRESSIBLE FLUID FLOW 」 Volume Ⅰ (1953) The Ronald Press Company ( New York)

・松尾一泰：「 圧縮性流体力学 」(1994) 理工学社


本書は，圧縮性流体を専門にしている研究者・技術者にとっては，既知の内容が多いと思われるが，圧縮性流体力学に興味を持つ学生や技術者の理解の助けになると同時に，圧縮性流体力学に初めて接する読者に少しでも興味を持って頂けたら望外の喜びである．

本書の刊行に当たり，図の作成にご協力頂いた関東学院大学理工学部機械学系助手佐藤純氏に心から感謝を申し上げる．また，絶えず研究するように励まし指導してくださった関東学院大学の山枡雅信名誉教授，横溝利男名誉教授に心から感謝を申し上げる．

また，日新出版株式会社の小川浩志氏から深いご理解と熱いお励ましを頂いたことに心から厚くお礼を申し上げる．

令和 2 年 12 月 12 日

森田 信義

# 目　　次

## 第3章　超音速流れに発生する各種の波

# 第１章　圧縮性流体の流れおよび関係する熱力学的基礎事項

## 1・1　流れの発生と流動の基本法則

宇宙に存在する物質は，それぞれにエネルギーをもっている．エネルギーとは仕事をする能力であり，仕事とは物を動かすことである．したがって流体において流れが発生しているということは流体が動かされていることであり，そこにエネルギーが働いている．エネルギーには種々あって，**力学的エネルギー** である運動エネルギーや位置エネルギー，また光エネルギー，電気エネルギー，化学的エネルギー，核エネルギーなどがある．この他に後述するように，圧縮性流体力学では，力学的エネルギーそのものではないものの，力学的エネルギーに変換され得る内部エネルギーや圧力エネルギーがある．**流れの発生** は，流れの発端と終端に作用する圧力の差によって生じる．例えば，内部の圧力が大気圧に等しい空気タンクに取り付けられたバルブを開いても中から空気は流出しないが，この空気タンクにエアコンプレッサーで圧縮空気を供給して空気タンク内の圧力を大気圧よりも高くした状態でバルブを開けると，空気タンク内から空気が噴出し，流れが発生する．また，圧縮空気が溜められている空気タンクに接続されて流路が形成され，この流路は途中で断面積が変化していてその後端にバルブが設置されているとする．この流路後端のバルブを徐々に開けると，これは瞬時に起こることであるが流路内に充満していた空気には流路後端から流れが発生し，それぞれ流路断面積に関係した速度をもつ流れとなる．圧力の差が流路内に伝播しそれによって流体が動かされ，流れが発生しているのである．流体力学や流体工学は，流体の動きとその状態量を調べてそこにおける法則性を見つけ，体系化して，その上で具体的に人間社会に知識や技術として役立つことを担う．

そして物体の運動には，それをそうさせている法則がある．物体の運動速度が光の速度と比較し得るほど大きくなければ，17 世紀にアイザック・ニュートンによって提唱された **ニュートンの運動の第2法則** が物体の運動の根本を表す法則である．すなわち，物体が運動している中で速度を増加させたり減少させたりすることは，その速度の方向に，正または負の力が働いているからであり，物体の質量 $m$ と，速度が時間に対し変化する割合すなわち加速度 $\alpha$ と，その速度の変化に際し物体に作用している力 $F$ との間には，次の関係がある．

$$m\alpha = F \tag{1・1}$$

式（1・1）で表わせる関係を **ニュートンの運動の第2法則** という．したがって，

$$\alpha = \frac{F}{m} \tag{1・2}$$

であり，物体の速度の時間的な変化は，作用する力の増加にしたがって，また作用する力が一定の場合は物体の質量の減少にしたがって大きくなる．また，加速度は速度が時間に対しどのように変化するかを表したものであるから，速度を $V$，時間を $t$ とすると加速度 $\alpha$ は

$$\alpha = \frac{dV}{dt} \tag{1・3}$$

で表わされる．式（1・3）を 式（1・1）に代入すると，

$$m\frac{dV}{dt} = F \tag{1・4}$$

となる．きわめてシンプルな形で表わされるこの法則は，第2章 の 2・1・5 (5) 節で述べるように流体の運動にも適用されて運動方程式へと展開されてゆく．

また，物体の運動の勢いは物体の質量 $m$ とその速度 $V$ を掛け合わせた量である **運動量** $M$ で表わすことができるが，運動量の時間に対する変化の割合はその物体に作用する力と等しいから，これらの関係は次のように表わされる．

$$M = mV \tag{1・5}$$

であるから,

$$\frac{d(mV)}{dt} = F(t) \tag{1・6}$$

となる．流体の流れの場合，流れの変化の途中で，流体が消滅したり発生したりすることはないからその質量は不変であり，したがって質量は時間に対する微分項の外に出せるから 式（1・6）は,

$$\frac{mdV}{dt} = F(t) \tag{1・7}$$

となり，これは 式（1・4）と同じになる．ここで，式（1・7）を変形すると,

$$mdV = Fdt$$

となる．この式を積分すると，流れの方向を正とした場合，流れ方向に作用した力の総和は運動量の増加の総和になることを表すことになり，したがって流体力学において，時間の経過に対し流れが変化しない定常流で力の向きを考慮し，単位時間の流れに適用すると,

$$m(V_2 - V_1) = F_1 - F_2 \tag{1・8}$$

となり，流体力学における力と運動量の変化を表す **運動量の式** の一般的な形が得られる．すなわち運動量の式の根本の考えは，ニュートンの運動の第二法則と同じである．例えば本書においては，圧力の伝播速度の導出や垂直衝撃波の関係式において，ある面を境にして圧力と速度が不連続に変わる場合の流れに 式（1・8）で示される運動量の式が適用される．この場合，流れの中のある面を境にして圧力と速度が不連続に変化するが，この面を境にして，圧力の低下は運動量の増加に変わる．

本書で取り扱う流体は圧力変化によってその流体の密度が変化する空気のような圧縮性流体で，その流れについて説明するが，時に，各現象の根本を理解するために流体を構成する気体の分子運動にまでさかのぼって説明することがある．が，流体力学は

流体の構成分子の運動を論じるものではなく，あくまでも構成分子の集合体としての流体の流れを扱う連続体の力学である．したがって以下，主に物理学で取り扱う構成分子の運動についての説明は，圧縮性流体の流れに発生する現象の根本を理解するのに必要な場合にのみ記載する．

## 1・2　流体の分類

圧力差の存在により流動し流れが発生する流体は，一般に圧縮性と粘性という二つの性質を持つ．**圧縮性** とは，その流体に一定の圧力を加えた時にどのくらい体積が縮むかという性質であり，流体を構成する分子間の距離が大きい場合は圧縮性も大きくなる．また **粘性** とは，その流体に一定の力を加えた時にどのくらい流動するかという性質であり，流体の構成分子間で引きあう力が強い場合，また構成分子の分子量が大きく分子間で絡み合いが発生する場合には流動しにくくなり粘性は大きくなる．**実在する流体** は大なり小なりこれら二つの性質を持っているのであるが，ある場合には解析を容易にするために結果に大きく影響しない範囲で，流体のこれらの性質が無いと仮定して取り扱うことがある．これらの性質の有無を仮定して流体は次のように分類される．

① 非圧縮性・非粘性流体

圧縮性も粘性も持たない流体として解析する場合で，**理想流体** と呼ばれている．液体の流れでも，粘性の影響が少ない場合にはこの流体を仮定することがある．

② 非圧縮性・粘性流体

粘性はあるが圧縮性が無いものとして解析する場合で，水の流れや液体の流れを解析する場合などに仮定する．

③ 圧縮性・非粘性流体

圧縮性はあるが粘性が無いものとして解析する場合で，密度の低い気体の流れを解析する場合などに仮定する．**理想気体** とも呼ばれる．

④ 圧縮性・粘性流体

**実在する流体** を厳密に解析する場合には複雑になるが，圧縮性と粘性の両性質があるものとして解析する．

本書は，圧縮性流体の流れを取り扱うもので，ここでは，流体は，圧縮性・非粘性流体，すなわち理想気体としてその流れを取り扱う．

## 1・3　圧縮性流体に熱力学が必要な理由

流れは圧力差によって生じるが，流れの発生によって流体に速度が発生し，流路断面積の大小や流路途中の物体の有無や形状によって部分的に速度の変化を生じるが，その速度の変化は圧力の変化を生む．圧縮性流体では，圧力が変化することによってその圧縮性から密度が変化する．圧力も密度も状態量であり，これらの状態量が変化すると，他の状態量である温度が変化する．また，流体と外部との間で熱の授受がある場合には，熱の授受により流体の温度が変化するとともに他の状態量も変化する．したがって圧縮性流体の流れでは，流れの状態量の変化によって温度が変化するし，また外部との熱の授受によって状態量が変化し流れの状態が変化するため，この状態量の変化や授受した熱量を加味して考える必要があり，熱力学が必要不可欠となる．

## 1・4　圧縮性流体における圧力，温度

流れは圧力差によって発生するが，それでは，圧力とは何であろうか．**圧力** とは，流体を構成する分子がその壁面に衝突・反射する時の壁面に及ぼす力を，単位時間・単位面積当たりで表したものである．

例えば，圧縮性流体の典型である空気を例にとってみると，空気を構成する窒素や酸素の分子は，温度に依存した速度 $V$ で熱運動をしている．一定容積の容器に2倍の質量の空気を入れれば2倍の個数の分子が入るわけで，容器内壁の単位面積に単位時間に衝突する気体の分子の数は2倍となり，したがって圧力も2倍となる．また，一定容積の容器に一定質量の空気を入れ，外部から熱を加えその温度を上昇させると容器内の

圧力は上昇するが，これは，容器内の気体の構成分子の数は変わらないものの，熱量を受けて構成分子の熱運動速度が増加し，内壁に衝突し反射する運動量が大きくなり，内壁に与える力，すなわち圧力が高くなるのである．また，構成分子は容器内壁で衝突反射を繰り返すが，熱運動速度が増加すると，容器内を衝突反射し往復する時間が短縮され，単位時間当たりの衝突回数が増加することも圧力増加の要因である．

また，流体の温度について考える．流体の温度は，流体の構成分子の運動エネルギーによって規定される．たとえば $x, y, z$ の3方向に自由度を持つ流体の場合，流体の構成分子の持つ運動エネルギーとその流体の温度との関係は，次式で表わすことができる．

$$\frac{1}{2}mV^2 = 3 \times \frac{1}{2}\kappa T \tag{1・9}$$

ここに，$m$ は流体の構成分子の質量，$V$ は構成分子の熱運動速度，$\kappa$ はボルツマン定数，$T$ は流体の絶対温度である．すなわち，流体の **絶対温度** は，式（1・9）左辺の流体の構成分子の運動エネルギーに比例し，流体の種類が定まれば，流体の温度は，流体の構成分子の速度の二乗に比例して定まる．従って，温度を低下させ，**絶対温度** がゼロ，すなわち $T = 0°K$，**セルシウス温度**（セ氏）$-273.15°C$ では，流体の構成分子の熱運動速度がゼロとなり，流体自身の流動性を失う．常温で柔軟性を持つ物質も，絶対温度ゼロに近づくにつれ柔軟性を失い，固体のように硬くなる．我々日本の日常生活で使用する温度の単位 **セルシウス温度**（セ氏）は，標準気圧での水の氷点を0度，水の沸点を100度とした生活に結びついた温度の表示であるが，**絶対温度** は，物質の構成分子の熱運動速度に基づいた温度表示である．以下本書での温度とは，断りがない限り絶対温度をいう．

## 1・5　圧力の伝播速度

流れは圧力差があることによって生じるが，圧縮性流体においてその流れを発生させる圧力差が伝播する速度，言い方を換えると圧力が伝播する速度はどの位であろうか．図 1・1 に示すように，圧力 $P$ で静止した気体で満ちている平行流路内を増加圧力 $dP$ が左から右に伝播する状態を考える．圧力の境界面に視点を置き，圧力波面が速度 $c$ で伝播し，それに伴って平行流路内で静止していた気体が圧力波面の通過によって圧力の伝播方向に流動が誘起されて $dV$ の速度を持つ状態を考える．$c$ と $dV$

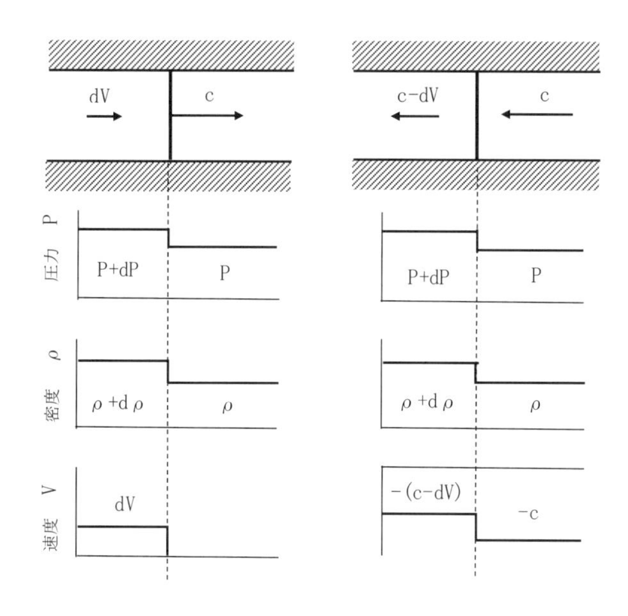


*a* 外部から流れを見た場合　　*b* 波面から流れを見た場合

図1・1　圧力の伝播式導出モデル[1]

の関係は，例えば，池の表面に発砲スチロールを浮かべて，そこから少し離れた所に石を投げると，落下点を中心として同心円状に波が広がり，波は発砲スチロールの浮かぶ箇所に到達し，発砲スチロールを波の進行方向に少し動かすが，波は発砲スチロールを通り越して広がってゆく．この場合の波の速度が圧力波面の速度であり，発砲スチロールの移動速度が誘起速度として考えると理解し易い．すなわち圧力の伝播速度は，圧力の伝播によって誘起される流体の流れの速度とは異なり速い速度で先に伝わってゆく．図1・1 は，圧力波面が左から右に伝播する場合で，この圧力波面が通過することによって静止していた気体に誘起される速度 $dV$ は上述のように圧力波の伝播速度 $c$ に較べてきわめて小さい．図1・1の $a$ は，圧力波面の移動方向である左から右への方向を正とし，この流路を外部から見た場合のモデル図，圧力分布図，密度分布図および速度分布図であり，$b$ は，観測者が圧力波面とともに移動する状態から見た場合である．今，$b$ のモデルで考える．波面を境にして速度が変化しており，波面前後で **運動量の式** を適用する．運動量の式の基本的な考え方は 1・1節 で述べたが，運動量の式の一般形である 式（1・8）を適用する．

$$m(V_2 - V_1) = F_1 - F_2 \qquad (1・8)$$

であるから，図1・1 $b$ の場合の流路断面積を $A$，流れの単位時間当たりの質量を $m$ とし，断面積に圧力を乗じると力となるが，波面を境にした面への力の差は，この波面の両側の流れの運動量変化と等しいため，波面両側の力の差と運動量の変化の釣り合いについて 式（1・8）を適用し，右辺と左辺を入れ替えると，

$$A\left(\left(P + dP\right) - P\right) = m\left(\left(-\left(c - dV\right)\right) - \left(-c\right)\right)$$

となり，したがって，

$$AdP = mdV \qquad (1・10)$$

となる．また，圧力波面の右側の流れの単位時間当たりの流れの質量 $m$ は，断面積に速度を乗じた単位時間当たりの体積流量に密度 $\rho$ を乗じることによって求められるから，

$$m = \rho Ac \qquad (1・11)$$

であり，式（1・11）を 式（1・10）に代入すると，

$$AdP = \rho AcdV$$

となり，したがって，

$$dP = \rho c dV \qquad (1・12)$$

となる．圧力波面の左右で単位時間当たりに流れる流体の質量は同じであるから，

$$(\rho + d\rho)A(c - dV) = \rho Ac$$

であり，左辺と右辺を入れ替えて，右辺を展開すると

$$\rho Ac = A(\rho c - \rho dV + cd\rho - d\rho dV)$$

となる．微小量を示す$d$を冠した量の2次の項は，他の項に較べてより小さいため省略し整理すると，

$$\rho dV = cd\rho \qquad (1・13)$$

となる．式（1・13）を 式（1・12）に代入すると，

$$dP = c^2 d\rho$$

となり，したがって，

$$c = \left(\frac{dP}{d\rho}\right)^{\frac{1}{2}} \qquad (1・14)$$

となる．この 式（1・14）が，**圧力の伝播速度** $c$ を表す一般式である．

式（1・14）は微分の形で表示されているが，ここで $dP/d\rho$ の意味を考える．この式は，一定の密度変化をさせるに必要な圧力の変化値を示しているが，他で項に $dP/d\rho$ を持つ式に，体積弾性率と圧縮率がある．体積 $V$，圧力 $P$ の気体を外部から $dP$ だけ加圧した時，その体積が $V+dV$ になったとすると，一般的には，$dP$ が正の時は $dV$ が負となり体積は縮小する．この時 $dP$ が小さければ，$dP$と体積の変化率 $dV/V$との間に比例関係が成立して，

$$dP = -K\frac{dV}{V} \qquad (1・15)$$

となる．この時この比例定数 $K$を **体積弾性率** と言い，$K$が大きいほど一定の体積変化を与えるに必要な圧力は大きくなる．また，体積弾性率 $K$の逆数を **圧縮率** $B$

と言うが，**圧縮率** $B$ が大きいほど，一定の体積変化を与えるのに必要な圧力は小さくて済む．式（1・15）の右辺の分母，分子を気体の質量 $m$ で割り，比容積 $v$ と密度 $\rho$ との次の関係

$$v = \frac{1}{\rho} \tag{1・16}$$

を用いたあとで $d\rho$ を分母・分子に乗じて微分すると，

$$dP = -K\frac{dV}{V} = -K\frac{\frac{dV}{m}}{\frac{V}{m}} = -K\frac{d\left(\frac{V}{m}\right)}{\frac{V}{m}} = -K\frac{dv}{v} = -K\frac{d\left(\frac{1}{\rho}\right)}{\frac{1}{\rho}} = -K\rho \times d\left(\frac{1}{\rho}\right)$$

$$= -K\rho\frac{d\left(\frac{1}{\rho}\right)}{d\rho}d\rho = -K\rho\frac{d\left(\rho^{-1}\right)}{d\rho}d\rho = -K\rho(-1)\rho^{-2}d\rho = K\frac{d\rho}{\rho} \tag{1・17}$$

となる．すなわち，

$$\frac{dP}{d\rho} = \frac{1}{\rho}K \tag{1・18}$$

となり，圧力の伝播速度の二乗である $dP/d\rho$ は，**体積弾性率** $K$ に比例した性質を持つ．すなわち，圧力を加えた時に体積が変化しにくい気体ほど **圧力の伝播速度** は速くなる．圧縮率との関係で考えると，圧縮しにくい気体における **圧力の伝播速度** は速く，圧縮しやすい気体における **圧力の伝播速度** は遅いと言える．

また，圧力の伝播速度を求める 式（1・14）は微分の形で表示されており，このままでは数値を代入して計算することができないので，この式を **等エントロピー変化**，すなわち外部との熱の授受がなく流体自体にも粘性がない **可逆断熱変化** に適用して，圧力が伝播する場合の具体的な伝播速度を求める．この変化やその流れでは，エネルギーの付加やロスがなく，絶えず気体の持つエネルギーの総和が一定であるから，元の流

路や条件に戻すと，各状態量が元に戻ることが可能であることから **可逆断熱変化** とも呼ばれている．また絶えずエネルギーの総和が一定であることから，外部との熱の授受や内部での粘性や摩擦による熱の発生もなく $dQ=0$ であり，したがってエントロピーの増減は $ds=dQ/T=0$ で，**等エントロピー変化** とも呼ばれている．ここに $Q$ は熱量，$s$ はエントロピー，$T$ は温度である．この等エントロピー変化の詳細は 1・9・4 節 で後述するが，その特性式は次式で表わされる．

$$\frac{P}{\rho^k}=const=Z \tag{1・19}$$

ここに，$k$ は比熱比，$Z$ は定数である．したがって，

$$P=Z\times\rho^k$$

であり，この両辺を微分すると，左辺は変数が $P$ のみ，右辺は変数が $\rho$ のみであるから，

$$dP=Z\times k\times\rho^{(k-1)}d\rho$$

となり，

$$\frac{dP}{d\rho}=Z\times k\times\rho^{(k-1)} \tag{1・20}$$

となる．式（1・19）を式（1・20）に代入すると，

$$\frac{dP}{d\rho}=\frac{P}{\rho^k}\times k\times\rho^{(k-1)}=k\times\frac{P}{\rho} \tag{1・21}$$

となる．また，1・6 節 で後述するように，熱平衡にある気体に適用可能である状態方程式は，気体定数を $R$ とすると

$$\frac{P}{\rho}=R\times T \tag{1・22}$$

であり，式（1・21）を 式（1・14）に代入し，さらに 式（1・22）を代入すると

$$c = \left(k \times \frac{P}{\rho}\right)^{\frac{1}{2}} = (k \times R \times T)^{\frac{1}{2}} \tag{1・23}$$

となる．式（1・23）には微分項がなく，具体的に数値を代入すれば等エントロピー変化で伝播する圧力の伝播速度を算出することができる式であり，圧力の伝播速度は，絶対温度の増加に伴い増加し，その値は絶対温度の平方根に比例することが分かる．式（1・9）の箇所で述べたように，絶対温度が流体の構成分子の運動エネルギーに比例したものであることを考えると，絶対温度の増加に伴い圧力の伝播速度が増加することは容易に理解できる．式（1・23）を用いて 温度変化に対する空気中を伝播する圧力の速度，すなわち圧力波や音波の **伝播速度** を算出すると 図1・2 のごとくなる（ここでは，比熱比は $k=1.4$ で固定して計算した）．絶対温度ゼロ（ セ氏 *−273.5℃* ）で

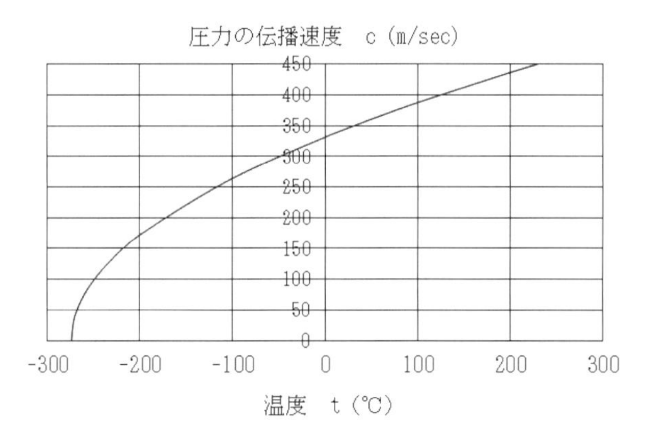


図1・2　等エントロピー変化で空気中を伝播する圧力の伝播速度

は伝播速度はゼロであり，これはこの温度では気体の構成分子の熱運動速度がゼロであることからも理解できる．その後温度の増加によって圧力の伝播速度は増加する．また，式（1・23）には気体定数 $R$ が含まれており，気体定数の変化，すなわち気体

の変化によってもその中を伝播する圧力波の速度が変化するが，気体の分子量 $m$ と **気体定数** $R$ との関係は，普遍気体定数を $R^*$ とすると，次式で示される．

$$R = \frac{R^*}{m} \tag{1・24}$$

すなわち，気体の分子量が小さいほど気体定数は大きくなる．温度20℃での気体別の **圧力の伝播速度** を 図1・3 に示す．

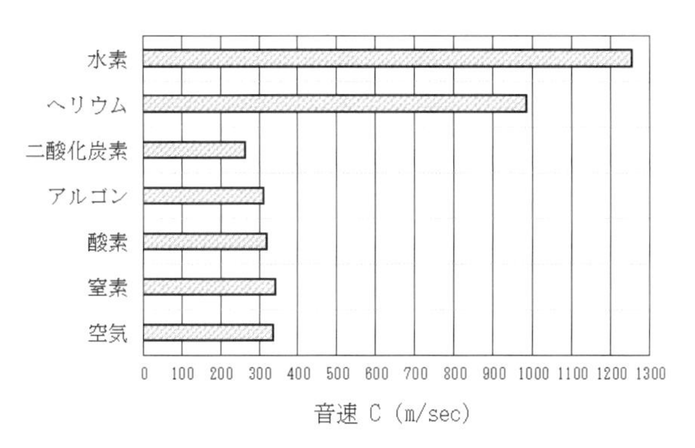


図1・3　気体による圧力の伝播速度の違い

また，気体分子運動論によれば，粘性の無い完全気体の熱平衡状態にある気体分子において，絶対温度を $T$，分子 1 個の質量を $m$，ボルツマン定数を $\kappa$ とすると，その気体の構成分子の単純平均速度 $Vave$ は，次式で表わすことができる．

$$Vave = \left(\frac{8\kappa T}{\pi m}\right)^{\frac{1}{2}} \tag{1・25}$$

ここで，

$$\kappa / m = R \tag{1・26}$$

であるから，

$$Vave = \left(\frac{8\kappa T}{\pi m}\right)^{\frac{1}{2}} = \left(\frac{8RT}{\pi}\right)^{\frac{1}{2}} \tag{1・27}$$

となる．したがって，式（1・23）で表わされる等エントロピー変化での圧力の伝播速度 $c$ と，式（1・27）で表わされる粘性の無い完全気体の構成分子の熱運動の単純平均速度との比を計算すると，

$$\frac{c}{Vave} = \frac{(kRT)^{\frac{1}{2}}}{\left(\frac{8RT}{\pi}\right)^{\frac{1}{2}}} = \left(\frac{\pi k}{8}\right)^{\frac{1}{2}} \tag{1・28}$$

となる．今，等エントロピー変化をする気体の比熱比 $k$ を *1.4* として，式（1・28）に代入すると，

$$\frac{c}{Vave} = 0.741 \tag{1・29}$$

となる．すなわち，**圧力の伝播速度** $c$ は，気体分子の熱運動の単純平均速度 $Vave$ より約 *26 %* 遅い速度で気体中を伝播することが分かる．

## 1・6　状態方程式

気体の構成分子運動から考えた式の導出は後述するが，熱平衡にある気体において，圧力 $P$ と密度 $\rho$ と絶対温度 $T$ との間では，式（1・22）に示したように気体定数 $R$ を介して次の関係が成立する．

$$\frac{P}{\rho} = R \times T \tag{1・22}$$

この 式（1・22） は **状態方程式** と呼ばれるが，密度 $\rho$ と比容積 $v$ との関係は 式（1・17）に示したように，

$$v = \frac{1}{\rho} \tag{1・17}$$

であるから，式（1・17）を 式（1・22）に代入すると，

$$P \times v = R \times T \tag{1・30}$$

となる．また，**状態方程式** は，気体全体の体積を $V$，その質量を $m$ とすると，

$$v = \frac{V}{m} \tag{1・31}$$

であるから，式（1・31）を 式（1・30）に代入すると，

$$P \times V = m \times R \times T \tag{1・32}$$

となり，この形でも表わすことができる．取り扱う気体の質量が一定で熱の授受や体積変化を受けて状態が変化する場合，変化の過程では気体定数 $R$ と質量 $M$ は一定であるから，式（1・32）は，

$$\frac{P \times V}{T} = const \tag{1・33}$$

となる．質量が一定のまま，ある気体の状態 *1* に対し，熱の授受や仕事の授受を行って体積を変化させて状態 *2* になった場合，両状態間の圧力 $P$，体積 $V$，温度 $T$ の間には，式（1・33）より，

$$\frac{P_1 V_1}{T_1} = \frac{P_2 V_2}{T_2} \tag{1・34}$$

が成立し，例えば一定容器内の気体における熱の授受による状態量変化など体積が一定であれば $V_1 = V_2$ であるから，

$$\frac{P_2}{P_1} = \frac{T_2}{T_1} \tag{1・35}$$

となり圧力変化は授受した熱量によって定まる温度変化に比例する．

式（1・34）において，温度が一定の場合は $T_1 = T_2$ であるから，

$$\frac{P_2}{P_1}=\frac{V_1}{V_2}=\frac{1}{\dfrac{V_2}{V_1}} \tag{1・36}$$

となり，圧力変化は体積変化に逆比例する．式（1・33），式（1・34）は，**ボイル・シャルルの式** と呼ばれる関係式である．

ここで，状態方程式 式（1・22）を気体分子の運動をもとに導出する．導出に当たりモデルを単純化して考えるために，対象とする気体分子は次のような性質を持つものと仮定する．

（ⅰ）気体分子は1成分の分子とする

（ⅱ）分子間で衝突などの干渉は無いものとする

（ⅲ）分子は完全弾性球とし，壁面に対し速度 $u$ で衝突すると $-u$ で跳ね返るものとする

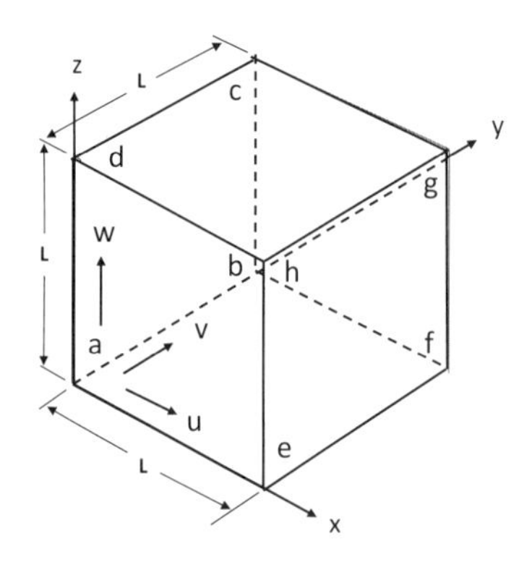


図1・4　立方体内の気体の完全弾性反射モデル[4]

いま 図1・4に示すような一辺の長さが $L$ の立方体を考え，その中に1個の質量が $m$ の気体分子が $N$ 個入っていて自由に熱運動をしているとすると，この立方体

内の密度 $\rho$ は，その総質量を容積で割って求められるから，

$$\rho = \frac{m \times N}{L^3} \quad (1・37)$$

となる．立方体の中の気体分子が壁面に衝突し反射する時，気体分子は壁面に垂直の成分の運動量の変化を，力としてその壁面に及ぼすから，その壁面で受ける圧力は，単位時間での単位面積当たりの気体分子の運動量変化と考えることができる．今，この立方体の $x$ 方向に垂直な 面 $abcd$ と 面 $efgh$ を考え，気体分子の運動速度 $V$ の $x$ 方向の成分を $u$ とすると，この二つの面の間を１個の気体分子が１往復する時間 $t$ は，往復する距離が $2L$ であるから，

$$t = \frac{2L}{u} \quad (1・38)$$

である．また，１個の気体分子が，面 $efgh$ に，単位時間に衝突する回数 $S$ は，１往復する時間の逆数となるから，

$$S = \frac{1}{t} \quad (1・39)$$

である．式（1・38）を 式（1・39）に代入すると，

$$S = \frac{u}{2L} \quad (1・40)$$

となる．先の仮定から面に衝突し反射するとき，気体分子は完全弾性反射をするので，面 $efgh$ に垂直な方向の運動量の変化 $M$ は，$m \times u$ で衝突して $m \times (-u)$ で跳ね返されるため，

$$M = 2 \times m \times u \quad (1・41)$$

となる．したがって，１個の気体分子が，単位時間当たり 面 $efgh$ で受ける運動量変化 $M_1$，すなわち 面 $efgh$ に与える力は，単位時間では $S$ 回の衝突となるから，

$$M_1 = M \times S \quad (1・42)$$

である．式（1・41）と 式（1・40）を 式（1・42）に代入すると，

$$M_1 = \frac{m \times u^2}{L} \tag{1・43}$$

となる．この立方体には，$N$ 個の気体分子が入っているから $N$ 個での運動量変化は，

$$M_N = \frac{N \times m \times u^2}{L} \tag{1・44}$$

となる．式（1・44）は，面 $efgh$ で受ける力であるから，圧力は 式（1・44）の力を 面 $efgh$ の面積 $L^2$ で割れば良いから，

$$Px = \frac{N \times m \times u^2}{L^3} \tag{1・45}$$

となる．$Px$ は，面 $efgh$ で受ける圧力であり，式（1・45）は，各気体分子の区別をしない表示であるが，各気体分子を区別して表示すると，

$$Px = \frac{\sum(m \times u^2)}{L^3} \tag{1・46}$$

となる．ここに $\Sigma$ は，$\iota = 1$ から $\iota = N$ までの総計を表す．今，重力等の影響が無く気体分子運動が $x, y, z$ の3方向に区別がないとすると，

$$\sum(m \times u^2) = \sum(m \times v^2) = \sum(m \times w^2) \tag{1・47}$$

で表わすことができる．ここに，$v$ は気体分子の運動速度 $V$ の $y$ 方向の成分，$w$ は $z$ 方向の成分である．各方向に対し異なる条件が全く無いとすると $x, y, z$ 各方向の圧力は等しいため，各方向の圧力を加えて3で割っても表すことが可能である．したがって 式（1・47）と 式（1・46）から，またさらに各成分速度の二乗を加えたものは気体分子の絶対速度 $V$ の二乗に等しいことから，

$$Px = \frac{\sum(m \times u^2) + \sum(m \times v^2) + \sum(m \times w^2)}{3L^3} = \frac{\sum(m \times (u^2 + v^2 + w^2))}{3L^3} = \frac{m \sum V^2}{3L^3} \tag{1・48}$$

となる．また，$N$ 個の気体分子の平均速度 $V_{AV}$ は，次式で表わすことができる．

$$V_{AV}{}^{2} = \frac{\sum V^{2}}{N} \tag{1・49}$$

式（1・49）を 式（1・48）に代入するとともに，$x, y, z$ 方向の圧力は等しいためこれを $P$ で表わすと圧力 $P$ は次式で求められる．

$$P = Px = Py = Pz = \frac{N \times m \times V_{AV}{}^{2}}{3L^{3}} \tag{1・50}$$

すなわち，**圧力** は気体分子の平均運動速度の二乗に比例することが分かる．一方，物体の **温度** は，構成分子のもつ運動エネルギーによって決定され，$x, y, z$ 3 方向自由度 3 の場合の運動エネルギーと温度との関係は，$\kappa$ をボルツマン定数とすると，次式で表わされる．

$$\frac{1}{2} \times m \times V_{AV}{}^{2} = \frac{1}{2} \times \kappa \times T \times 3 \tag{1・51}$$

今，式（1・37）を 式（1・50）に代入すると，

$$\rho = \frac{m \times N}{L^{3}} \tag{1・37}$$

であるから，

$$P = \frac{N \times m}{L^{3}} \times \frac{V_{AV}{}^{3}}{3} = \frac{\rho \times V_{AV}{}^{2}}{3} \tag{1・52}$$

となる．この式に 式（1・51）を代入すると，

$$P = \rho \times \frac{\kappa}{m} \times T \tag{1・53}$$

となる．ここで，

$$R = \frac{\kappa}{m} \tag{1・54}$$

で定義される **気体定数** $R$ を用いて 式（1・53）を表わすと

$$P = \rho \times R \times T \tag{1・55}$$

$$\frac{P}{\rho} = R \times T$$

となり，式（1・22）で示された **状態方程式** が求められる．気体によって分子の質量 $m$ が異なるため，式（1・54）より **気体定数** $R$ も異なるが，気体の種類が既知で気体定数 $R$ が分かっていれば，熱平衡にあるいかなる状態の気体であっても，圧力と密度と温度との関係に対しては，この **状態方程式** が適用可能である．例えば気体を圧縮して体積を縮めると，密度が増加し圧力が増加するが，この時の温度の変化は，この気体を圧縮する過程で上昇する温度の逃がし具合による．すなわち，絶えず温度の上昇分をこの系から逃がす場合は，温度が一定に保たれるので，式（1・22）の右辺の $R$ と $T$ は一定となり，密度の変化と圧力の変化が等しい等温変化となる．全く，あるいは一部しか温度を逃がさない場合は，圧縮によって温度は上昇するが，この詳細は後述する．

## 1・7　熱力学の第一法則

圧縮性流体である気体の流れでは熱力学が必要であることを 1・3 節 で述べたが，「 熱は本質的に仕事と同じエネルギーの 1 種であり，熱を仕事に変えることもできるし，仕事を熱に換えることもできる 」という **熱力学の第一法則** は，基本的できわめて重要な法則である．この事実を見出し実証したことで，それまで人間の労働であった仕事を熱で取って代われることを明確に示したことになり，その後，熱を仕事に変える内燃機関の発明の基本的概念となった．そして内燃機関の発明によって，人間の肉体労働が軽減されると同時に産業が飛躍的に発展して人間の生活が便利になった．

すなわち，図1・5に示すように，単位質量の気体に，外部から $dq$ の熱量が与えられると同時にこの気体に外部から $d\ell$ の仕事がなされた時，この気体の **内部エネルギー** $e$ の増加 $de$ は次のように，表わすことができる．

$$de = dq + d\ell \tag{1・56}$$

ここで $d\ell$ について考えると，気体の状態量で仕事のディメンジョンをもつのは，$P\times V$ である．単位質量の気体では，比容積を $v$ とすると，$P\times v$ となる．この $P\times v$ の変化は $d(P\times v)$ として表わすことができるが，この積の微分を展開すると，

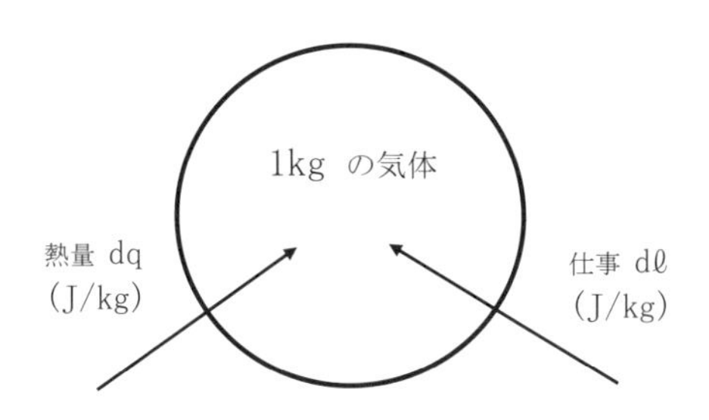


図1・5　熱方程式導出モデル

$$d(P\times v)=(dP\times v)+(P\times dv) \tag{1・57}$$

となる．そもそも **仕事** とは物を動かすことであり，外部から気体に仕事をするということは，外部から気体を移動させて気体の体積を縮め，外部との境界の内側にある気体を中心側に動かすことであり，逆に気体が外部に仕事をするということは，気体が膨張して体積を増加させ，外部との境界の外側にあるものを動かすということである．具体的には，シリンダーとピストンによって囲まれた気体に，外部から力を加えてピストンを押し込んで圧縮し，中の気体に仕事をする場合と，逆に，気体が体積を増加させて膨張し，ピストンを押し動かして外部に仕事をする場合を想起すると容易に理解できる．したがって，式（1・57）の右辺の第1項の表す意味は，容積 $v$ の気体の圧力が，容積は一定のままで圧力が $dP$ 変化するもので，これは体積変化を伴わないため仕事の授受とはならない．従って 式（1・57）で仕事として残るのは右辺の第2項のみで，外部から仕事をなされて体積が縮められてエネルギーが増加するような $dv$ が負となるときに加えられた仕事としての $d\ell$ は正となるから，外部からなされる仕事 $d\ell$

は次のように表すことができる.

$$d\ell = -(P \times dv) \tag{1・58}$$

式（1・58）を 式（1・56）に代入し，式（1・17）を代入して変形すると，

$$de = dq + d\ell = dq - (P \times dv) = dq - \left(P \times d\left(\frac{1}{\rho}\right)\right) \tag{1・59}$$

となる．式（1・59）を **熱方程式** という.

ここで，内部エネルギー $e$ について考えてみる．気体の **内部エネルギー** とは，気体の構成分子のもつ運動エネルギーである．この気体の構成分子のもつ運動エネルギーは式（1・51）に示されるように，絶対温度 $T$ と比例関係にある．すなわち **内部エネルギー** の増減は，外部に対しては温度の増減となって表出され検知される．このことを理解した上で 式（1・59）を読み解くと，単位質量の気体に外部から与えた熱量や圧縮といった仕事は内部エネルギーの増加となるが，いずれもこの気体の温度上昇となって外部へ表出すると共に，$dq = 0$ すなわち熱の授受がなく圧縮という仕事だけが与えられた場合でも，与えられた仕事に相当する内部エネルギーが増加し，温度が上昇する．また，$de = 0$ の内部エネルギーの増加が無い場合，言い方を変えれば温度変化無しの場合は，圧縮で与えられた仕事に相当する内部エネルギーはすべて外部への熱の放出となり，$dq$ が負となることになる.

次に，**エンタルピー** $h$ を次式で定義する.

$$h = e + (P \times v) = e + \left(P \times \frac{1}{\rho}\right) \tag{1・60}$$

すなわち **エンタルピー** $h$ とは，熱エネルギーである内部エネルギー $e$ と，仕事の次元をもつ　圧力×容積，すなわち圧力を用いて仕事をなし得る可能性量を加え合わせたもので，熱的および圧力的に仕事をなし得る可能性量をトータルして表した状態量ということができる．式（1・60）を微分すると，

$$dh = de + d(P \times v) = de + (dP \times v) + (P \times dv) \tag{1・61}$$

となり，式（1・59）を 式（1・61）に代入すると，エンタルピー変化は授受した熱量と圧力の変化を用いた次式で表わされる.

$$dh = dq - (P \times dv) + (dP \times v) + (P \times dv) = dq + (v \times dP) \qquad (1 \cdot 62)$$

## 1・8　比熱と比熱比

**比熱** とは単位質量の物質を単位温度上昇させるに必要な熱量であるが，微視的に表示すると，単位質量の気体にごくわずかな熱量 $\delta q$ を与えた時，気体の温度が $\delta T$ 上昇した場合，この気体の **比熱** $C$ は次式で示される.

$$C = \frac{\delta q}{\delta T} \qquad (1 \cdot 63)$$

気体の比熱には 2 種類の比熱がある．ひとつは，固体の比熱と同じように体積一定での比熱で **定積比熱** $Cv$ といい，例えば，温度が上昇しても内容積が変化しないような容器に気体を閉じ込めたような状態での気体の比熱で，熱量の供給によって温度が上昇するとともに，圧力も上昇する．他方圧力を一定に維持した状態での比熱を **定圧比熱** $Cp$ という．定圧比熱の場合，熱量の供給により温度上昇が発生し，この温度上昇によって圧力上昇が発生するが，圧力を一定に保つ必要があるため熱の供給に伴い体積を膨張させて元の圧力を保つ必要がある．これらの二種の比熱の比を **比熱比** $k$ と言い次式で表わす.

$$k = \frac{Cp}{Cv} \qquad (1 \cdot 64)$$

いま，単位質量の気体に体積を一定に維持した状態で $q_1$ の熱量を与えることによって気体の温度が 1 度上昇したとすると，この熱量は定積比熱を表す．さらに定圧比熱について考えると，一定の体積のままの受熱では受けた熱量による温度上昇に伴って圧力が上昇するため，定圧比熱を求める場合には，気体を膨張させて体積を増加させ元の圧力を保つ必要がある．膨張させると温度が低下するので，単位温度上昇のためには，

さらに $q_2$ の熱量を追加して供給する必要がある．追加した $q_2$ の熱量による温度上昇に伴って再度圧力の上昇が発生するので，さらに膨張と加熱を繰り返す．やがて，定積の状態では $q_1$ の熱量の供給で単位温度上昇したものが，定圧の状態では $q_1+q_2+q_3+q_4+\cdots$ の熱量の供給が必要となる．すなわち，定積に比べ $q_2+q_3+q_4+\cdots$ が余分に必要となり $Cp$ は $Cv$ に比べて大きい値となる．空気の場合，比熱比は概略 1.4 であるが，定積比熱に対し $q_2+q_3+q_4+\cdots$ が 40% の増加分となることが分かる．これを 式（1・59）の熱方程式から考えると，$Cv$ も $Cp$ も上昇後の温度は同じであるので，いずれも内部エネルギーは等しいことになる．したがって，$Cp$ の場合，$Cv$ に比べて 40% 多く供給された熱量は，圧力を一定に保つために膨張する過程で外部に対してなした仕事に使われたことになる．

**定積比熱** $Cv$ を式で表わすと，次式のごとくなる．

$$Cv=\left(\frac{\partial q}{\partial T}\right)_{v=const} \qquad (1\cdot 65)$$

ここに，（　）の外の添え字 $v=const$ は，容積が一定のままの状態を表す．式（1・65）の $\partial q$ に 式（1・59）の $dq$ を代入すると，

$$Cv=\left(\frac{de+P\times dv}{\partial T}\right)_{v=const} \qquad (1\cdot 66)$$

となる．ここで，$v=const$ の条件を（　）の中に適用すると，体積は一定のため $dv=0$ となる．同時に，この条件表記は，条件がカッコ内に適用され表記不要となるため，

$$Cv=\frac{de}{dT} \qquad (1\cdot 67)$$

となる．すなわち，**定積比熱** とは，熱の授受の過程で気体は体積が一定に保たれて外部に対して仕事をしないため，熱量がすべて内部エネルギーの増加となり，単位温度上昇に伴う内部エネルギーの増加ということになる．同様に，定圧比熱 $Cp$ を式で表わ

し，$\partial q$ に 式（1・62)の $dq$ を代入してカッコ外の条件をカッコ内に適用して整理すると，

$$Cp = \left(\frac{\partial q}{\partial T}\right)_{P=const} = \left(\frac{dh - v \times dP}{\partial T}\right)_{P=const} = \frac{dh}{dT} \tag{1・68}$$

となる．すなわち，**定圧比熱** とは，温度上昇に伴い内部エネルギーが増加するとともに外部へ仕事もするので，単位温度上昇に必要な **エンタルピー** の増加ということになる．

ここで，$Cp$ と $Cv$ の関係を求める．式（1・68）に，エンタルピーの定義 式（1・60）と定積比熱 式（1・67）と状態方程式 式（1・30）を代入すると，

$$Cp = \frac{dh}{dT} = \frac{d(e + (P \times v))}{dT} = \frac{de}{dT} + \frac{d(P \times v)}{dT} = \frac{de}{dT} + \frac{d(R \times T)}{dT} = Cv + R$$

となり，したがって，

$$Cp - Cv = R \tag{1・69}$$

となる．また．気体分子運動論より自由度 $n$ の分子から構成される気体の比熱は，

$$Cp = \left(1 + \frac{n}{2}\right) \times R \tag{1・70}$$

$$Cv = \frac{n}{2} \times R \tag{1・71}$$

であるため，比熱比は，式（1・64）に 式（1・70），式（1・71）を代入すると，

$$k = \frac{Cp}{Cv} = \frac{(2+n) \times R}{2} \times \frac{2}{n \times R} = \frac{2+n}{n} \tag{1・72}$$

となる．空気を構成する主要気体である窒素や酸素などの２原子の気体は，自由度 $n$ が $5$ であるから，$n = 5$ を 式（1・72）に代入すると，

$$k = 1.4 \tag{1・73}$$

となる．すなわち，定圧比熱 $Cp$ は，定積比熱 $Cv$ に対し 40% 大きいがこの理由

に関してはすでに本節で説明した．また 式（1・64）からの $Cp$ を 式（1・69）に代入すると，

$$(k \times Cv) - Cv = R$$

したがって，

$$Cv = \frac{R}{k-1} \tag{1・74}$$

となる．同様に，式（1・64）からの $Cv$ を 式（1・69）に代入すると，

$$Cp - \frac{Cp}{k} = R$$

したがって，

$$Cp = \frac{k}{k-1} \times R \tag{1・75}$$

となる．以上のように，定積比熱 $Cv$ と定圧比熱 $Cp$ は，比熱比 $k$ と気体定数 $R$ で表わすことができる．

## 1・9 状態変化

気体が，状態 *1* から状態 *2* に変化するとき，変化の条件によって状態量がどのように変わるのかを，典型的な 4 つの状態変化について，1・7 節の熱方程式を用いて説明する．この時，気体に作用して状態 *1* から状態 *2* に変化させる要因は，気体に熱を与えるか熱を奪うかの熱の授受と，その気体に外部から仕事をする圧縮かその気体が外部に仕事をする膨張かの仕事の授受の二つの要因である．この二つの要因の中で変化する範囲においては，その要因の変化を逆に戻せば元の状態量に戻るため，**可逆**と言える．

### 1・9・1 等積変化

例えば，図1・6 に示すようなシリンダーとその内下側に設置されたピストンに囲

まれた空間に閉じ込められた単位質量の気体の状態変化について考える．**等積変化** であるから，体積は一定であり，ピストンは動かず，この内部の気体に対して外部からの仕事もこの気体から外部への仕事も行われない．式（1・59）の熱方程式は，

$$de = dq + d\ell = dq - (P \times dv) \tag{1・59}$$

であり，等積変化は熱の授受のみで体積変化がないため $dv = 0$ であり，**等積変化** を表す特性式としては，

$$dq = de \tag{1・76}$$

となる．すなわち，授受した熱量は，すべて内部エネルギーの増減となる．また内部エネルギーの外部への表出は温度であるから，授受した熱量は，絶対温度の増減となって表れる．状態方程式 式（1・30）は，

$$P \times v = R \times T \tag{1・30}$$

であるが，**等積変化** の場合 $v = const$ のため，

$$\frac{P}{T} = const \tag{1・77}$$

となる．すなわち圧力は，授受した熱量に伴って変化する絶対温度と同じ割合で増減す

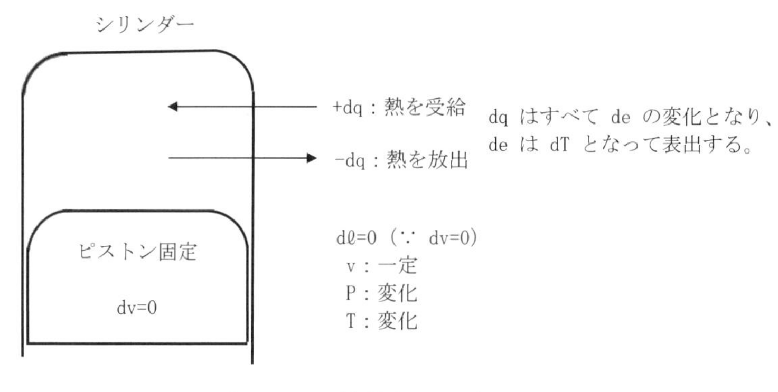


図１・6　等積変化モデル図

る．このことは，式（1・50）でみたように，圧力は気体分子の運動速度の二乗に比例することと，式（1・51）で見たように，温度は，気体構成分子のもつ運動エネルギー，すなわち，等積変化では構成分子の質量は一定のため構成分子の運動速度の二乗に比例することからも，共に同じ割合で変化することが理解できる．

### 1・9・2　等圧変化

例えば，同様に 図 1・7 に示すようなシリンダーとピストンに囲まれた空間に閉じ込められた単位質量の気体を考え，この気体に対し，熱の授受が行われたとする．外部から内部の気体に熱が与えられたとするとこの気体の温度は高まるが，等圧変化では圧力を一定に保つ必要があり，ピストンは下側に移動して体積を増加させ，熱の授受前の圧力を保つ．この場合，ピストンが下降することは，この気体がピストンを押し下げて外部に仕事をすることになる．すなわち，**等圧変化** では，熱と仕事の両方の授受を伴い，外部から熱が与えられたとき，その一部は外部への仕事に換えられる．熱が奪わ

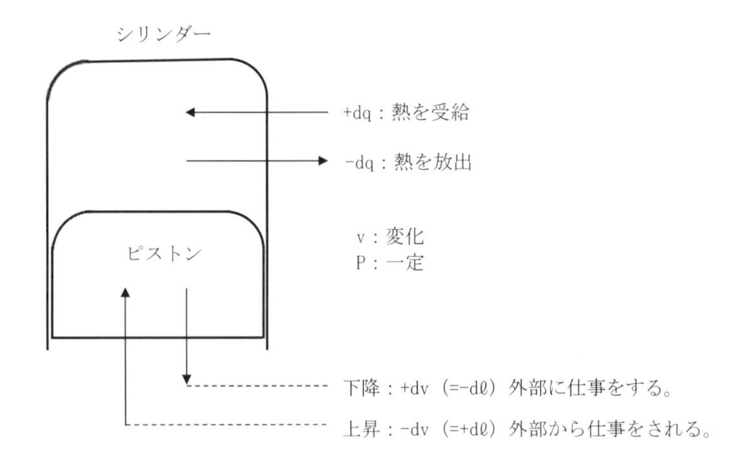


図１・7　等圧変化モデル図

れた時は，その逆で外部から仕事がなされ，圧縮による温度上昇と圧力の上昇によって圧力の減少が補われる．この状態変化をすでに見た熱方程式 式（1.62）から考えると，

$$dh = dq + (v \times dP) \qquad (1 \cdot 62)$$

より等圧で圧力の変化はないから $dP = 0$ のため，

$$dq = dh \qquad (1 \cdot 78)$$

となる．すなわち，授受した熱量は，エンタルピーの変化，すなわち，温度変化としての内部エネルギーの変化ならびに容積の変化と圧力エネルギーの変化を加えた今後成し得る仕事の可能性量の変化に換えられるのであるが，圧力は等圧という条件から圧力変化は無く，同じ圧力での体積の変化となる．この体積の変化は，なした仕事に当たり，授受した熱量は，内部エネルギーの増加と仕事に換えられることになる．

状態方程式 式（1・30）は，

$$P \times v = R \times T \qquad (1 \cdot 30)$$

であるが，**等圧変化** であり $P = const$ のため，

$$\frac{v}{T} = const \qquad (1 \cdot 79)$$

となり，比容積は絶対温度の変化と同じ割合で増減する．すなわち，熱量を供給されて温度が上昇した時，そのままの容積では等積変化でみたように，この温度に比例して圧力が高くなるが，等圧変化のため容積を拡大して圧力をもとのままに維持しようとする．この時，その容積は，温度変化と同じ割合で変化することになる．

### 1・9・3　等温変化

例えば，同様に 図 1・8 に示すようなシリンダーとピストンに囲まれた空間に閉じ込められた単位質量の気体を考え，この気体に対し熱の授受が行われた場合を考える．外部からこの気体に熱が与えられたとするとこの気体の温度は高まるが，**等温変化**では温度を従来のままに保つ必要がある．またこの場合，温度は内部エネルギーの外部

への表出であるから内部エネルギーの増減はない状態である．この状態変化を熱方程式式(1・59) から考えると，

$$de = dq + d\ell = dq - (P \times dv) \tag{1・59}$$

において，温度が一定のため内部エネルギーの増減がないから $de = 0$ であり，

$$dq = P \times dv \tag{1・80}$$

となる．すなわち，授受した熱量は，すべて仕事に換えられる．すなわち，等温変化に

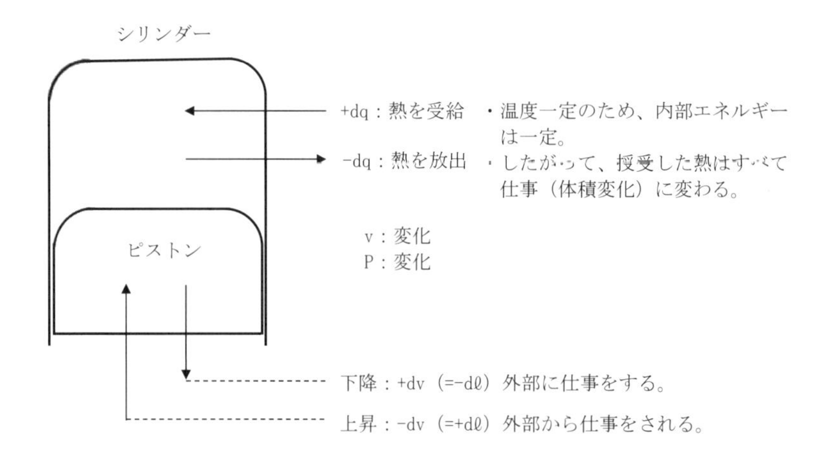


図1・8　等温変化モデル図

おいて気体に外部から熱が与えられた場合は，温度を一定に保つため，この気体が膨張してピストンを下側に押し下げ外部に仕事をして，受給した熱による温度上昇を膨張によって元の温度に保つことになる．外部に熱を奪われた場合は，外からこの気体にそれと等価の仕事がなされる必要があり，ピストンが外部から押されてこの気体が圧縮されて外部から仕事がなされ，圧縮による温度上昇で奪われた熱量による温度低下を補うことになる．また逆に，等温変化において気体がピストンを押して外部に仕事をしたり，

外部からピストンが押されてこの気体に仕事がなされた場合は，当然，そのままではこの気体の内部エネルギーが変化し，それに合わせて温度が変化するので，この温度の変化分だけ，外部との間に熱の授受が行われなければならない．具体的にそのためには，例えばピストンが外部から押されて圧縮としてこの気体に仕事がなされた場合，温度上昇分を無限の大きさの熱伝達率と熱伝導率を持つ材質と構造によって放熱する必要がある．あるいは外部からピストンが押されて圧縮するスピードが極めて遅く，この圧縮に伴う内部エネルギーの増加すなわち温度上昇がきわめてゆっくりの場合は，シリンダーとピストンを構成する材質の持つ有限の熱伝導率によっても気体の温度が上昇することなく内部エネルギーの増加，すなわち温度上昇分を外部に伝達して逃がすことができるが，このような場合にも **等温変化** の適用が可能である．

状態方程式 式（1・30）は，

$$P \times v = R \times T \tag{1・30}$$

であるが，等温変化で $T = const$ のため，

$$P \times v = const \tag{1・81}$$

あるいは，

$$\frac{P}{\rho} = const \tag{1・82}$$

であり，圧力は比容積，すなわち体積変化に反比例し，体積が大きくなれば圧力は低下し，体積が小さくなれば圧力は増加する．

### 1・9・4　可逆断熱変化

**可逆断熱変化** とは **等エントロピー変化** とも言うが，まず，断熱変化と可逆断熱変化の違いを説明する．**断熱変化** とは，ある気体が外部との間で，熱の授受の無い条件下での状態変化を言う．また，可逆とは，状態 *1* から状態 *2* に変化したあと，条件を元に戻せば，状態 *1* に戻る場合を言い，戻れない場合は不可逆となる．可逆と不可逆

を分けるものは，気体の粘性の有無である．気体に粘性があり流動によって摩擦が生じ熱を発生した場合，その熱は散逸してしまう．この場合，気体の仕事の増減を無くすために体積を元に戻しても，また気体に与えた熱量を同量授受して熱量をもとに戻しても，気体の状態量は元に戻らない．気体に粘性があり，その流動によって熱が発生する場合は，気体と外部との間で断熱であっても，気体の内部において熱の発生が起こり熱の供給を受けることになる．この発熱は，仕事の供給である体積減少による温度上昇や，外部との熱そのもののやり取りによる温度変化とは異質なものである．気体のエントロピーについての詳細な説明は 2・1 節で行うが，**エントロピー** $s$ は次式で表わされる．

$$ds = \frac{dq}{T} \tag{1・83}$$

この場合，$dq$ は，気体が外部および内部から受ける熱量を表し，気体に粘性があり，気体の流動により熱の発生がある場合は熱量の受領が生じ，エントロピーは増加する．気体に粘性がなく外部との熱の受給が無い場合は，$dq = 0$ で，$ds = 0$ となり，エントロピーは不変で **等エントロピー変化** となる．すなわち，粘性の無い気体で，外部との熱のやり取りのない変化を **可逆断熱変化**，または **等エントロピー変化** と言い，外部と熱のやり取りが無い場合でも気体に粘性があり，内部で熱の発生がある場合はエントロピーが増加するため，単に **断熱変化** という．別の言い方をすると，気体に粘性が無く図1・5 の「熱方程式モデル」図で示した外部との熱の授受と，体積変化である外部との仕事の授受の範囲内での変化は「**可逆変化**」と言うことができる．

いま気体に粘性が無い可逆断熱変化について，図1・9 に示すようなシリンダーとピストンのモデルを考える．この気体には外部との熱の授受が無く，授受されるのは仕事のみで，外部から気体に仕事がなされてピストンが上昇し圧縮されるか，この気体から外部に仕事をしてピストンを下降させ膨張するかである．この状態変化を熱方程式 式(1・59) から考えると，

$$de = dq + d\ell = dq - (P \times d\left(\frac{1}{\rho}\right)) \qquad (1・59)$$

であるが，外部との熱の授受がないから $dq = 0$ のため，

$$de + (P \times d\left(\frac{1}{\rho}\right)) = 0 \qquad (1・84)$$

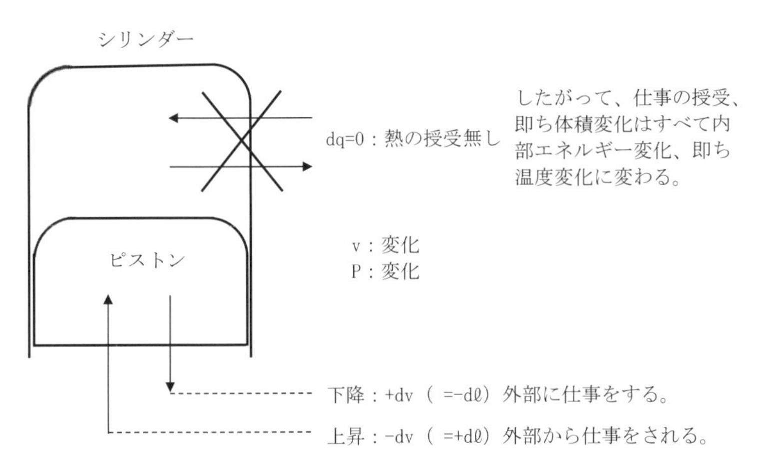


図1・9　可逆断熱変化モデル図

となる．したがって，

$$de + (P \times d(\rho^{-1})) = 0$$

となり，左辺第二項の分母，分子に $d\rho$ を掛けると，

$$de + P \times \frac{d(\rho^{-1})}{d\rho} \times d\rho = 0$$

$$de + P \times (-1) \times \rho^{-2} \times d\rho = 0$$

$$de-\left(\frac{P}{\rho}\right)\times\left(\frac{1}{\rho}\right)\times d\rho=0$$

となり，この式 に状態方程式 式（1・22）を代入すると，

$$\frac{P}{\rho}=R\times T \tag{1・22}$$

であるから，

$$de-R\times T\times\left(\frac{1}{\rho}\right)\times d\rho=0 \tag{1・85}$$

となる．一方，熱方程式 式（1・62）より，

$$dh=dq+(v\times dP) \tag{1・62}$$

であるから，この式を書き改めると，

$$dh=dq+\left(\frac{1}{\rho}\right)\times dP \tag{1・86}$$

であり，可逆断熱変化のため $dq=0$ であるから，

$$dh-\left(\frac{1}{\rho}\right)\times dP=0 \tag{1・87}$$

となる．この式に状態方程式 式（1・22）を代入すると，

$$dh-R\times T\times\left(\frac{1}{P}\right)\times dP=0 \tag{1・88}$$

となる．ここで，次の 式（1・67），式(1・69)

$$Cv=\frac{de}{dT} \tag{1・67}$$

$$Cp-Cv=R \tag{1・69}$$

を，式（1・85）に代入すると，

$$Cv \times dT - (Cp - Cv) \times T \times \frac{d\rho}{\rho} = 0 \tag{1・89}$$

となり，したがって，

$$\frac{Cv}{Cp - Cv} \times \frac{dT}{T} - \frac{d\rho}{\rho} = 0 \tag{1・90}$$

となる．左辺第一項の分母・分子を$Cv$で割って次の 式（1・64）を代入すると，

$$k = \frac{Cp}{Cv} \tag{1・64}$$

$$\frac{1}{k-1} \times \frac{dT}{T} - \frac{d\rho}{\rho} = 0 \tag{1・91}$$

となり，したがって，

$$\frac{d\rho}{\rho} - \frac{1}{k-1} \times \frac{dT}{T} = 0 \tag{1・92}$$

となる．この式を積分すると，

$$\int \frac{1}{\rho} d\rho - \frac{1}{k-1} \int \frac{1}{T} dT = const$$

$$\log \rho - \frac{1}{k-1} \log T = const$$

$$\log \rho - \log T^{\frac{1}{k-1}} = const$$

$$\log \frac{\rho}{T^{\frac{1}{k-1}}} = const$$

となり，したがって，

$$\frac{\rho}{T^{\frac{1}{k-1}}} = const \tag{1・93}$$

となる．式（1・93）が **可逆断熱変化** における密度 $\rho$ と絶対温度 $T$ の関係を表す式である．また，次の 式(1・68)，式（1・69）

$$Cp = \frac{dh}{dT} \qquad (1\cdot 68)$$

$$Cp - Cv = R \qquad (1\cdot 69)$$

を，式（1・88）に代入すると，

$$dh - R \times T \times \left( \frac{1}{P} \right) \times dP = 0 \qquad (1\cdot 88)$$

$$Cp \times dT - (Cp - Cv) \times T \times \frac{dP}{P} = 0 \qquad (1\cdot 94)$$

となり，したがって，

$$\frac{Cp}{Cp - Cv} \times \frac{dT}{T} - \frac{dP}{P} = 0 \qquad (1\cdot 95)$$

となり，左辺第一項の分母・分子を $Cv$ で割って次の 式（1・64）を代入すると，

$$k = \frac{Cp}{Cv} \qquad (1\cdot 64)$$

$$\frac{k}{k-1} \times \frac{dT}{T} - \frac{dP}{P} = 0$$

となり，したがって，

$$\frac{dP}{P} - \frac{k}{k-1} \times \frac{dT}{T} = 0 \qquad (1\cdot 96)$$

となる．この式を積分すると，

$$\int \frac{1}{P} dP - \frac{k}{k-1} \int \frac{1}{T} dT = const$$

$$\log P - \frac{k}{k-1}\log T = const$$

$$\log P - \log T^{\frac{k}{k-1}} = const$$

$$\log \frac{P}{T^{\frac{k}{k-1}}} = const$$

となり，したがって，

$$\frac{P}{T^{\frac{k}{k-1}}} = const \qquad (1・97)$$

となる．式（1・97）が **可逆断熱変化** における圧力 $P$ と絶対温度 $T$ の関係を表す式である．式（1・92）を 式（1・96）に代入すると，

$$\frac{d\rho}{\rho} - \frac{1}{k-1} \times \frac{dT}{T} = 0 \qquad (1・92)$$

$$\frac{dP}{P} - \frac{k}{k-1} \times \frac{dT}{T} = 0 \qquad (1・96)$$

$$\frac{dP}{P} - k\frac{d\rho}{\rho} = 0 \qquad (1・98)$$

となる．この式を積分すると，

$$\int \frac{1}{P} dP - k\int \frac{1}{\rho} d\rho = const$$

$$\log P - k\log \rho = const$$

$$\log P - \log \rho^k = const$$

$$\log \frac{P}{\rho^k} = const$$

したがって，

$$\frac{P}{\rho^k} = const \qquad (1\cdot99)$$

となる. 式（1・99）が **可逆断熱変化** における圧力 $P$ と密度 $\rho$ の関係を表す式で，可逆断熱変化を表すのに最もよく使用される特性式である.

以上，各状態変化を説明するイメージ図として，シリンダーとピストンの図を用いて説明したが，容積が変化しない等積変化を除きピストンが所定の位置から圧縮し，$v_2/v_1$ が *1* から *0.1* まで圧縮した場合，すなわち $\rho_2/\rho_1$ が *1* から *10* まで増加した場合の等圧変化，等温変化，可逆断熱変化での圧力の変化割合と温度の変化割合を図 1・10 に示す. 圧力の変化割合は等圧変化を除いて 式（1・81 ），式（1・99）から，温度の変化割合は等温変化を除いて 式（1・79 ），式（1・93）から求めた. また可逆断熱変化で の比熱比は *1.4* とした. 図1・10 で，容積比を *1* から *0.1* まで減少させた場合，すなわち圧縮して密度比を *1* から *10* まで増加させた場合，温度は，等

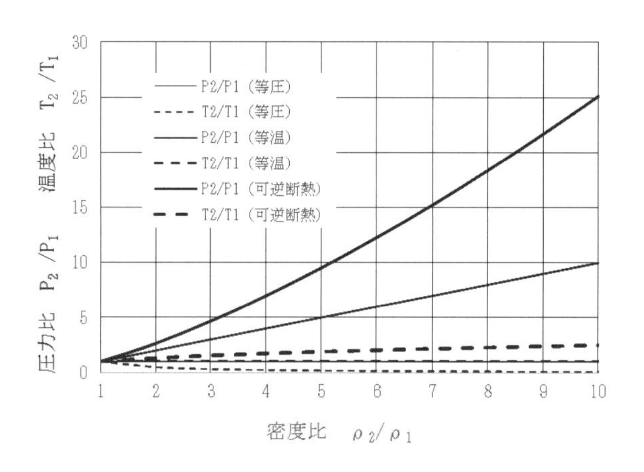


図1・10　密度変化（容積変化）に対する圧力変化，温度変化

圧変化では，$T_2/T_1$ が *0.1* まで減少する．これは，圧縮による圧力上昇分を放熱によって温度を下げて圧力を変化前の値に保つ必要から，温度が体積比と比例して減少するためである．等温変化では，圧縮による温度上昇分を放熱によって変化前の温度に保って 一定である．可逆断熱変化では，外部への放熱がないため，圧縮に伴って温度は上昇し，$\rho_2/\rho_1$ が *10* の時，$T_2/T_1$ は 約 *2.5* となる．圧力に関し，等圧変化の場合は圧縮に伴う圧力上昇分は放熱によって温度を低下させて圧力を減少させ変化前の値に保つ．等温変化の場合は温度一定のため，圧縮に伴う温度上昇分は放熱によって一定に保ち，圧力は単純に容積と逆比例する．すなわち密度比と比例して，$\rho_2/\rho_1$ が *10* の時，$T_2/T_1$ も *10* となる．また，可逆断熱変化では外部に一切放熱しないため，圧縮による圧力上昇に圧縮に伴う温度上昇による圧力上昇が加算され，$\rho_2/\rho_1$ が *10* の時，$T_2/T_1$ は 約 *25* となる．

### 1・9・5　ポリトロープ変化

以上，典型的な四つの状態変化について説明したが，**ポリトロープ変化** についても，簡単に触れておく．これは圧縮性流体力学では余り用いられないが，熱力学ではよく用いられる．等温変化と可逆断熱変化の間となる状態変化で，等温変化は，圧縮や膨張など仕事の授受に伴う内部エネルギー変化すなわち温度変化を，すべて熱の授受に換えて温度を一定に保つ変化であり，他方可逆断熱変化は，外部との熱の授受を一切行わない変化であるが，現実の状態変化では，一部の熱が外部との間で授受され，一部が気体の中に内部エネルギーの変化として，すなわち温度変化として残留するような状態変化が多い．例えば，等温変化と可逆断熱変化における圧力と密度の関係式は，等温変化では，式（1・82），

$$\frac{P}{\rho} = const \qquad (1 \cdot 82)$$

であり，可逆断熱変化では，式（1・99），

$$\frac{P}{\rho^k} = const \qquad (1・99)$$

である．両式を比べると，等温変化は，可逆断熱変化の密度 $\rho$ にかかる指数 $k$ を *1* とした場合である．すなわち 式（1・99）の $k$ を **ポリトロープ指数** $n$ に換えて表わした変化が **ポリトロープ変化** である．すなわち，その特性式は次式となる．

$$\frac{P}{\rho^n} = const \qquad (1・100)$$

ここで，**ポリトロープ指数** $n$ は熱の授受の割合を意味し，外部と一切熱の授受を行わない場合は，可逆断熱変化の $n = k = 1.4$ であり，他方変化した温度分の熱量の全てを外部との熱の授受にあてて温度を一定に保つ場合が，等温変化の $n = 1$ となる．したがって **ポリトロープ指数** $n$ は，$1 < n < 1.4$ の範囲で，熱の授受の割合が少ないほど $1.4$ に近い値をとる．

## 1・10　エネルギー式

**一次元の気体の流れ**，すなわち断面積が変化するチューブ内の流れで，流れ方向にのみ状態量は変化するが，ある流路断面内ではすべての位置において状態量が同じであるような気体の流れを考える．気体は各流路断面において，次の 3 種類の **エネルギー**，すなわち，**内部エネルギー**，**運動エネルギー**，**位置エネルギー** を持つから，図 1・11 に示すような圧縮性流体一次元の流れにおける位置 *1* および位置 *2* での気体の持つ全エネルギ ー$Et$ は次式で示される．

$$Et_1 = me_1 + \frac{1}{2}mV_1{}^2 + mgz_1 \qquad (1・101)$$

$$Et_2 = me_2 + \frac{1}{2}mV_2{}^2 + mgz_2 \qquad (1・102)$$

ここに，$m$ は単位時間当たりの気体の流れの質量，$V$ は気体の流れの速度，$g$ は

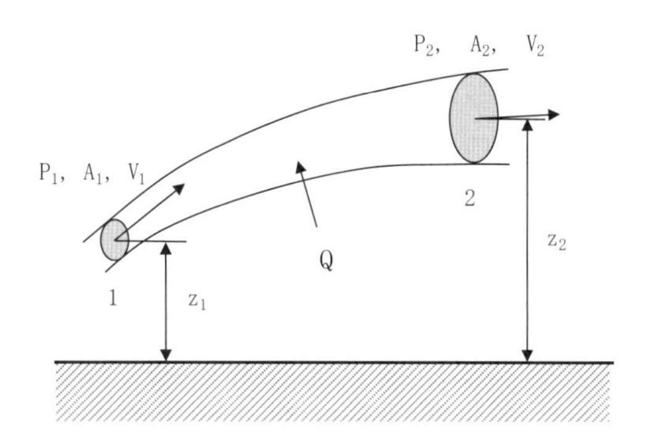


図1・11　エネルギー式導出モデル図

重力加速度，$z$ は断面の位置の高さである．いま仮に，位置 *1* に較べ位置 *2* の気体の持つエネルギーが増加したとすると，このエネルギーの増加量は，位置 *1* から位置 *2* の間で，外部から加えられた仕事と熱の和に等しいことになる．**仕事** とは一般に，重さ $W$ の物を距離 $L$ 動かした時に，$W \times L$ の仕事をしたと定義され，図 1・11 の場合，仕事 $\ell$ は，重さ $W$ に当たる面積 $A$ に圧力 $P$ を乗じて求まる力 $F$ に距離 $L$ に当たる単位時間当たりの移動距離である速度 $V$ を乗じる $P \times A \times V$ で求めるという考え方もできるし，また気体の状態変化や流れで取り扱う仕事として 式 (1・58) すなわち $d\ell = -(P \times dv)$ に基づく考え方，例えばシリンダー内の気体に外部から仕事がなされるとは，この気体を外部から力を加えてピストンを押し込んで圧縮して体積を縮小させることであり，気体が外部へ仕事をするとは，気体がピストンを外へ動かして体積を増加させることである．したがって 図1・11 の場合，位置 *1* では，流れ方向に外部から $P_1$ の圧力で $A_1 \times V_1$ だけの体積が内部へ押し込まれて外部から仕事をされ，位置 *2* では流体が流れ方向外部へ $P_2$ の圧力で $A_2 \times V_2$ だけの体積分押し出して外部へ仕事をしたと考えることができる．流路形状が固定されているとすると，位置 *1* から位置 *2* までの流れの系に対し外部からなされた仕事とは，位置 *1* から流入する流体による仕事のみであり，またこの流れの系が外部に対してなした仕事とは,位置 *2* から流出する気体がなす仕事のみである. 流入する気体による仕事 $\ell$ は,以上のことから単位時間当たりでは,

$$\ell_1 = P_1(A_1 \times V_1) \tag{1・103}$$

であり，同様に，この系の内部の流体から外部に対してなす仕事は,

$$\ell_2 = P_2(A_2 \times V_2) \tag{1・104}$$

となる．また，外部からこの流れの系に加えられた熱量を $Q$ とすると，外部から加えられた仕事と熱の総和は,

$$\Delta Et = \left(P_1 A_1 V_1 - P_2 A_2 V_2\right) + Q \tag{1・105}$$

となる. 図1・11 の流れのモデルで，単位質量当たりの気体に加えられた熱量 $q$ は,

$$q = \frac{Q}{m} \tag{1・106}$$

であり，また，流れている気体の単位時間当たりの質量 $m$ は,

$$m = AV\rho \tag{1・107}$$

であるから，式（1・105）の右辺第一項と第二項の分母・分子に密度 $\rho$ を掛け，式（1・106）と 式（1・107）を代入すると,

$$\Delta Et = \left(\frac{P_1 A_1 V_1 \rho_1}{\rho_1} - \frac{P_2 A_2 V_2 \rho_2}{\rho_2}\right) + Q$$

$$= m\left(\frac{P_1}{\rho_1} - \frac{P_2}{\rho_2}\right) + mq \tag{1・108}$$

となる．$\Delta Et$ は,

$$\Delta Et = Et_2 - Et_1 \tag{1・109}$$

であるから，式（1・101），式（1・102），式（1・108）を 式（1・109）に代入すると,

$$Et_1 = me_1 + \frac{1}{2}mV_1^{\,2} + mgz_1 \tag{1・101}$$

$$Et_2 = me_2 + \frac{1}{2}mV_2^{\,2} + mgz_2 \tag{1・102}$$

であるから，

$$\left(me_2 + \frac{1}{2}mV_2^{\,2} + mgz_2\right) - \left(me_1 + \frac{1}{2}mV_1^{\,2} + mgz_1\right) = m\left(\frac{P_1}{\rho_1} - \frac{P_2}{\rho_2}\right) + mq$$

となり，整理すると，

$$\frac{1}{2}V_1^{\,2} + e_1 + \frac{P_1}{\rho_1} + gz_1 + q = \frac{1}{2}V_2^{\,2} + e_2 + \frac{P_2}{\rho_2} + gz_2 \tag{1・110}$$

となる．式（1・110）における $P/\rho$ は，いままでの導出の過程からも理解されるように，気体自身が持つエネルギーというより気体が流路内を流れることによって流路内を伝わるエネルギーということができる．式（1・110）を一般形で表わすと，

$$\frac{1}{2}V^2 + e + \frac{P}{\rho} + gz - q = const \tag{1・111}$$

となり，式（1・111）が，気体の流れの **エネルギー式** の一般形である．これは，固定された流路内において，運動エネルギー，内部エネルギー，流路内を伝わる圧力エネルギーおよび位置エネルギーの総和は保たれ，もし，流路の外部から熱の授受があった場合はこれを加えるというものである．ここで，式（1・60）で示されるエンタルピー $h$ を用いると，

$$h = e + (P \times \frac{1}{\rho}) \tag{1・60}$$

であるから，式（1・111）は，

$$\frac{1}{2}V^2 + h + gz - q = const \tag{1・112}$$

となる．すなわち，気体の流れでは，内部エネルギーの項と圧力の項を合わせて **エンタルピー** で表示される．もし，流体に粘性が無く流路外部との間で熱の授受もない可逆断熱変化の場合は，$q=0$ となるため，

$$\frac{1}{2}V^2+h+gz=const \tag{1・113}$$

となる．式（1・111），式（1・112），式（1・113）を流れの **エネルギー式** という．

式（1・68）は，

$$Cp=\frac{dh}{dT} \tag{1・68}$$

であり，今，絶対温度 $T$ とエンタルピー $h$ が原点から表示された量とすると，

$$h=Cp\times T \tag{1・114}$$

となり，式（1・114）を 式（1・113）に代入すると，

$$\frac{1}{2}V^2+CpT+gz=const \tag{1・115}$$

となる．式（1・115）の定圧比熱に $Cp$ ついて，式（1・75）を用いて表わすと，

$$Cp=\frac{k}{k-1}\times R \tag{1・75}$$

であるから，式（1・115）に代入すると，

$$\frac{1}{2}V^2+\frac{k}{k-1}RT+gz=const \tag{1・116}$$

となり，エネルギー式が比熱比 $k$ を含んで表わされる．また，式（1・116）に状態方程式 式（1・22）を代入すると，

$$\frac{P}{\rho}=R\times T \tag{1・22}$$

であるから,

$$\frac{1}{2}V^2+\frac{k}{k-1}\frac{P}{\rho}+gz=const \tag{1・117}$$

となる. すなわち, エネルギー式の中に時に表記される比熱比 $k$ を含む $\frac{k}{k-1}RT$ や $\frac{k}{k-1}\frac{P}{\rho}$ の項は, 内部エネルギー項と圧力項を合わせた **エンタルピー** の別表示であることが分かる. 式 (1・117) は可逆断熱流れすなわち等エントロピー流れにおける圧縮性流体の **エネルギー式** であり, 定積比熱 $Cv$ と定圧比熱 $Cp$ を持つ圧縮性流体の特性から, これらの比である比熱比 $k$ を含んで表わされる.

# 第2章　1次元等エントロピー流れ

## 2・1　1次元等エントロピー流れの基礎

本節では，1次元等エントロピー流れの基礎事項について説明する．

### 2・1・1　エントロピーと1次元等エントロピー流れ

第1章で **エンタルピー** とは，熱的および圧力的に今後仕事をし得る可能性量の総和であることを説明したが，ここでは，エントロピーについて説明する．**エントロピー** は，ルドルフ・クラウジウスが，カルノーサイクルの研究において，熱機関の最大効率は作業物質によることなく2つの熱源の温度にしか依存しないというカルノーの定理と熱の移動を検討する中で，移動する熱量を温度で割った $Q/T$ という形で導入された量であり，熱力学における可逆性と不可逆性を研究するための概念として提唱され論証された量である．温度 $T$ のある閉じた系に，単位質量当たり $dq$ の熱量が供給されて状態変化が起こるとき，その系の **エントロピー** の増加 $ds$ は，第1章の1・9・4節 可逆断熱変化 の項で示したように次式で表わされる．

$$ds = \frac{dq}{T} \tag{1・83}$$

すなわち，エントロピーとは，一見すると，その系に熱が与えられたか否かを意味するものと理解されるが，単なる $dq$ ではなく，絶対温度 $T$ で割った量で表わされていることに意味がある．分母の絶対温度に比熱を掛ければこの系のもつ熱量となり，授受した熱量の系全体への影響度合いとも考えられなくはないが，分子とはディメンジョンが異なる．授受した熱量を温度で割った量は，上述のように，熱機関における熱量と温度との関係から提唱された量であるが，工学的にはたとえば，$P-V$ 線図 に表した状態変化の軌跡の曲線の下を微小幅で表した面積は $P\times dV$ で表わされるが，これはまさに 式（1・58）$d\ell=-(P\times dv)$ で表される仕事であり，その総和として積分した $\int PdV$ が，その経路でなした仕事の総和を表すように，エントロピーを用いた $T-s$ 線図を描いた曲線の下の微小幅で表した面積は $T\times ds=dq$ で熱量であり，その総和として積分した $\int Tds$ が，その間に授受した熱量の総和として表わすことができる便利さがある．またエントロピーの本質的な意味は，後述するように可逆性や不可逆性を知る検証量として粘性をもつ流れや衝撃波を通過する流れなど外部との熱のやり取りが無い **断熱の流れ** においてこのエントロピー値を算出すると増加していて，その系の内部で熱が発生していることを知ることができる．すなわち，式（1・83）の $dq$ は，外部との熱の授受のみを表すものではなく，粘性等によって内部で不可逆的特性において発生する熱量も含まれる．従って，外部と熱の授受が無く，かつ気体に粘性や摩擦が無く内部でも不可逆的な熱の発生する現象が無いような流れ，すなわち流れの外部と内部において熱の授受や熱の発生が無いような流れは，式（1・83）の $ds$ がゼロであり，このような気体の流れをエントロピーの増減のない **等エントロピー流れ** という．この流れでは，外部との熱の授受が無い断熱であると同時に内部での不可逆な熱の発生もなく，条件を戻せばもとの状態量に戻ることができるため，**可逆断熱変化** の流れとも呼ばれる．この流れや変化では，第1章で述べた熱方程式 式（1・59）において $dq=0$ であり，外部との仕事の授受によってのみ，内部エネルギー，すなわち温度が変化する．この温度は，外部とやり取りした仕事を元に戻すことによって最初の内部エネルギー状態，すなわち温度に戻ることができる．一方，第1章でも述べたように，外部との熱の授受が無い系であっても，体積変化で表わされる外部との仕事の授受による気体の流動に伴い粘性，摩擦等により内部で熱が発生する場合，その熱は気体の流動に伴って発生し散逸してしまうもので外部との仕事の授受を元に戻しても，内部で発生した熱量は元に戻らず不可逆であり，このような流れを単に **断熱流れ** という．断熱流れでは，流れや変化が進むに伴い内部で熱の発生を生じ，エントロピーは増加する．

いま，図2・1に示すように，容量の大きなタンク・貯気槽に，粘性の無い気体が加圧されて貯められ，ここから流路が形成されていて，貯気槽との圧力差で流路内に流れが発生している状態を考える．この流路は，断面が円形で流路途中では断面積の変化によって速度や圧力等の状態量は変化するが，それぞれの断面内ではどの位置においても状態量は同一で変化はないものとすると，流れの各状態量は，断面積の変化する流路方向のみを変数として変化する流れとなり **1次元の流れ** となる．さらに貯気槽および流路によって形成されるこの流れの系を流れる流体に粘性や摩擦が無く，また外部からの熱の授受が無い場合の流れを **1次元等エントロピー流れ** という．

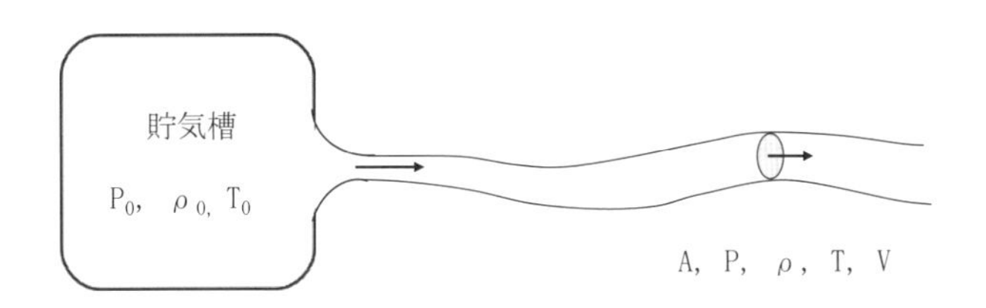


図2・1　1次元等エントロピー流れのモデル図

### 2・1・2　等エントロピー流れにおける速度

図2・1に示される流れ場において，気体には粘性が無く，貯気槽ならびに流路から成る系と外部との間に熱の授受が無い流れは **等エントロピー流れ** であるから，この流路系内のエネルギーはすべての場所で同一で一定であるため，今，添え字$_0$で表わす貯気槽と流路の任意の断面との2ヶ所に対し 式（1・117）のエネルギー式を適用すると 式（1・117）は，

$$\frac{1}{2}V^2 + \frac{k}{k-1}\frac{P}{\rho} + gz = const \tag{1・117}$$

であるから，

$$\frac{1}{2}V^2 + \frac{k}{k-1}\frac{P}{\rho} + gz = \frac{1}{2}{V_0}^2 + \frac{k}{k-1}\frac{P_0}{\rho_0} + gz_0 \tag{2・1}$$

となる．貯気槽の容量が非常に大きい場合 $V_0 = 0$ と考えることができるから，

$$\frac{1}{2}V^2 + \frac{k}{k-1}\frac{P}{\rho} + gz = \frac{k}{k-1}\frac{P_0}{\rho_0} + gz_0 \tag{2・2}$$

となり，したがって，

$$\frac{1}{2}V^2 = \frac{k}{k-1}\left(\frac{P_0}{\rho_0} - \frac{P}{\rho}\right) + g(z_0 - z)$$

$$V^2 = 2\left\{\frac{1}{k-1}\frac{kP_0}{\rho_0}\left(1 - \frac{P}{\rho}\frac{\rho_0}{P_0}\right) + g(z_0 - z)\right\}$$

$$V^2 = 2\left\{\frac{1}{k-1}\frac{kP_0}{\rho_0}\left(1 - \frac{P}{P_0}\frac{\rho_0}{\rho}\right) + g(z_0 - z)\right\} \tag{2・3}$$

となる．等エントロピー流れであるから，系内全域で等エントロピー変化式，すなわち可逆断熱変化式 式（1・99）が適用できるから，

$$\frac{P}{\rho^k} = const \tag{1・99}$$

より，

$$\frac{P}{\rho^k} = \frac{P_0}{{\rho_0}^k} \tag{2・4}$$

$$\frac{\rho_0}{\rho} = \left(\frac{P_0}{P}\right)^{\frac{1}{k}} \tag{2・5}$$

であり，したがって，

$$\frac{\rho_0}{\rho} = \left(\frac{P}{P_0}\right)^{-\frac{1}{k}} \qquad (2・6)$$

となる．また，可逆断熱変化，すなわち等エントロピー変化における圧力の伝播速度 $c$ は 式（1・23）より，

$$c = \left(k \times \frac{P}{\rho}\right)^{\frac{1}{2}} = (k \times R \times T)^{\frac{1}{2}} \qquad (1・23)$$

であるから，貯気槽内の圧力の伝播速度 $c_0$ は,

$$c_0 = \left(k \times \frac{P_0}{\rho_0}\right)^{\frac{1}{2}} = (k \times R \times T_0)^{\frac{1}{2}} \qquad (2・7)$$

であり，式（2・6），式（2・7）を 式（2・3）に代入すると，

$$V^2 = 2\left\{\frac{1}{k-1}\frac{kP_0}{\rho_0}\left(1 - \frac{P}{P_0}\frac{\rho_0}{\rho}\right) + g(z_0 - z)\right\} \qquad (2・3)$$

$$= 2\left\{\frac{1}{k-1}{c_0}^2\left(1 - \frac{P}{P_0}\left(\frac{P}{P_0}\right)^{-\frac{1}{k}}\right) + g(z_0 - z)\right\}$$

$$V^2 = 2\left\{\frac{1}{k-1}{c_0}^2\left(1 - \left(\frac{P}{P_0}\right)^{\frac{k-1}{k}}\right) + g(z_0 - z)\right\} \qquad (2・8)$$

$$V^2 = 2\left\{\frac{kRT_0}{k-1}\left(1 - \left(\frac{P}{P_0}\right)^{\frac{k-1}{k}}\right) + g(z_0 - z)\right\} \qquad (2・9)$$

$$V = \left[2\left\{\frac{kRT_0}{k-1}\left(1 - \left(\frac{P}{P_0}\right)^{\frac{k-1}{k}}\right) + g(z_0 - z)\right\}\right]^{\frac{1}{2}} \qquad (2・10)$$

となり，流路内の任意の場所での **流れの速度** は，貯気槽の圧力 $P_0$ と流路内のその

場所の圧力 $P$ との比により求めることができる．ここで $z_0 = z$ とし，$T = 293°K$，比熱比 $k$ を *1.4* として計算した **流れの速度** $V$ のグラフを 図2・2 に示す．$P/P_0$ のわずかな減少により急激に流れの速度が発生・増加し，その後も$P/P_0$ の減少により，流れの速度 $V$ は増加する．図2・1に示すような流れ場では，式（2・10）より貯気槽の圧力 $P_0$ が高いほど，また流路中の任意の場所の圧力が低いほど，その場所の流れの速度は速くなる．すなわち，貯気槽の圧力に対する流路の任意の場所の圧力の比が小さいほど，その場所での流れの速度は速い．また，同じ圧力比の場合，貯気槽の温度が高いほど流れの速度は速くなる．また，等エントロピー流れにおいては，

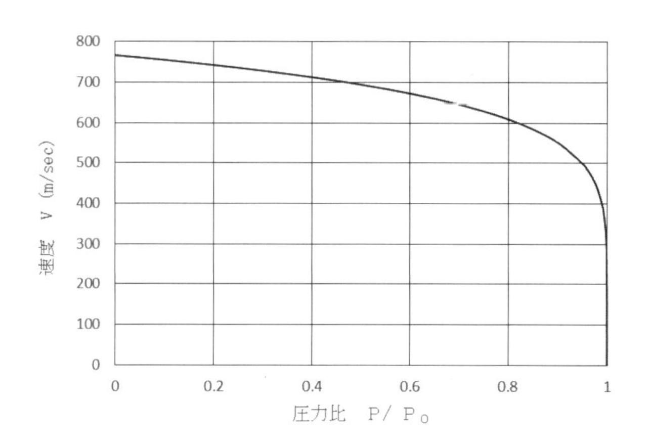


図2・2　圧力比 $P/P_0$ と流れの速度 $V$ との関係

貯気槽から流路内全域でエネルギーが一定に保たれるから，貯気槽内の圧力が不明な場合は，流路の任意の測定場所において流れを止めた真正面の圧力である全圧を圧力測定用の細い管を使用して測定した値を $P_0$ として計算しても，式（2・10）を用いて流れの速度を算出することができる．

### 2・1・3　等エントロピー流れにおける温度，圧力，密度

図2・1 に示す流路において任意の場所の圧力と貯気槽の圧力との比を知ることによってその場所の流れの速度を算出する式を導いたが，この節ではマッハ数を導入して，流路の任意の場所と貯気槽との 温度比，圧力比，密度比 から流路内のその場所のマッハ数を求める．この流路におけるエネルギー式は 式（2・2）より，

$$\frac{1}{2}V^2 + \frac{k}{k-1}\frac{P}{\rho} + gz = \frac{k}{k-1}\frac{P_0}{\rho_0} + gz_0 \qquad (2\cdot 2)$$

であり，貯気槽と流路との間で高さの差がないとすると，$z = z_0$ であるから，

$$\frac{1}{2}V^2 + \frac{k}{k-1}\frac{P}{\rho} = \frac{k}{k-1}\frac{P_0}{\rho_0} \qquad (2\cdot 11)$$

となる．式（2・11）に状態方程式 式（1・22）を代入すると，

$$\frac{P}{\rho} = R \times T \qquad (1\cdot 22)$$

であるから，

$$\frac{1}{2}V^2 + \frac{k}{k-1}RT = \frac{k}{k-1}RT_0 \qquad (2\cdot 12)$$

となり，したがって，

$$\frac{1}{2}V^2 = \frac{k}{k-1}R(T_0 - T)$$

$$\frac{1}{2}V^2 = \frac{kRT}{k-1}\left(\frac{T_0}{T} - 1\right) \qquad (2\cdot 13)$$

となる．また，式（1・23）より $kRT$ は可逆断熱変化，すなわち等エントロピー変化における圧力の伝播速度 $c$ の二乗で，

$$c = \left(k \times \frac{P}{\rho}\right)^{\frac{1}{2}} = (k \times R \times T)^{\frac{1}{2}} \qquad (1\cdot 23)$$

であるから，この 式（1・23）を 式（2・13）に代入すると，

$$\frac{1}{2}V^2 = \frac{c^2}{k-1}\left(\frac{T_0}{T}-1\right) \quad (2・14)$$

となる．ここで流れの速度と，その場所での圧力の伝播速度との比を **マッハ数** $M$ とし，次式で定義する．

$$M = \frac{V}{c} \quad (2・15)$$

等エントロピー流れにおける圧力の伝播速度 $c$ は 式（1・23）で示され，ある場所での圧力の伝播速度はその場所の絶対温度に依存して決定されるから，流路内のそれぞれの場所で局所的に温度が異なるとき，それぞれの場所で圧力の伝播速度は異なることになる．また，音の伝播は圧力の伝播であるから，圧力の伝播速度は音速と同一である．すなわち，流路内の **マッハ数** $M$ とは，その場所の流れの速度がその場所での圧力の変化を伝播する速度，すなわち音速の何倍かを示すもので，$M<1$ の流れを **亜音速流れ**，$M=1$ の流れを **音速流れ**，$M>1$ の流れを **超音速流れ，** $M>5$ の流れを **極超音速流れ** と言う．尚，流れが $M=1$ に近く，その流れ場の中にモデルを置いたような場合，部分的に超音速流が発生し，亜音速流と超音速流が混在するような流れが形成されるが，このような流れを **遷音速流れ** と言う．

式（2・14）を展開し，式（2・15）を代入すると，

$$\frac{1}{2}V^2 = \frac{c^2}{k-1}\left(\frac{T_0}{T}-1\right) \quad (2・14)$$

$$\frac{T_0}{T} = \frac{(k-1)}{2}\frac{V^2}{c^2}+1$$

$$\frac{T_0}{T} = \frac{k-1}{2}M^2+1 \quad (2・16)$$

となる．すなわち，式（2・16）により，流路内の任意の場所での絶対温度 $T$ が分か

れば，貯気槽の絶対温度 $T_0$ との比によって，その場所での **流れのマッハ数** $M$ を求めることができる．貯気槽の絶対温度 $T_0$ と流路内のある場所の絶対温度 $T$ との比からその場所のマッハ数を算出すると 図2・3 のごとくなる

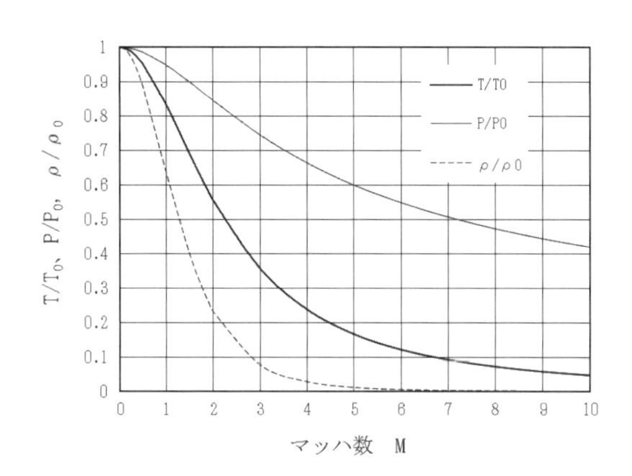


図2・3　マッハ数 $M$ と 温度比 $T/T_0$，圧力比 $P/P_0$，密度比 $\rho/\rho_0$ との関係

また，状態方程式 式（1・22）は，

$$\frac{P}{\rho}=R\times T \tag{1・22}$$

であるが，この状態方程式は，貯気槽においても流路内においても成立し，同一の気体の流れであるから気体定数 $R$ が同じのため，

$$\frac{P}{\rho T}=\frac{P_0}{\rho_0 T_0} \tag{2・17}$$

$$\frac{T_0}{T}=\frac{P_0}{P}\frac{\rho}{\rho_0} \tag{2・18}$$

となる．等エントロピー変化式を展開した 式（2・6）は，

$$\frac{\rho_0}{\rho}=\left(\frac{P}{P_0}\right)^{-\frac{1}{k}} \tag{2・6}$$

であり，したがって，

$$\frac{\rho}{\rho_0}=\left(\frac{P_0}{P}\right)^{-\frac{1}{k}} \tag{2・19}$$

となる．式（2・19）を 式（2・18）に代入すると，

$$\frac{T_0}{T}=\frac{P_0}{P}\frac{\rho}{\rho_0} \tag{2・18}$$

であるから，

$$\frac{T_0}{T}=\frac{P_0}{P}\times\left(\frac{P_0}{P}\right)^{-\frac{1}{k}}=\left(\frac{P_0}{P}\right)^{\frac{k-1}{k}} \tag{2・20}$$

となる．式（2・20）を 式（2・16）に代入すると，

$$\frac{T_0}{T}=\frac{k-1}{2}M^2+1 \tag{2・16}$$

であるから，

$$\left(\frac{P_0}{P}\right)^{\frac{k-1}{k}}=\frac{k-1}{2}M^2+1$$

となり，したがって，

$$\frac{P_0}{P}=\left(\frac{k-1}{2}M^2+1\right)^{\frac{k}{k-1}} \tag{2・21}$$

となる. すなわち, 式（2・21）により, 流路内の任意の場所での圧力 $P$ が分かれば, 貯気槽の圧力 $P_0$ との比によって, その場所での **流れのマッハ数** $M$ を求めることができる. 貯気槽の絶対圧力 $P_0$ と流路内のある場所の絶対圧力 $P$ との比からその場所のマッハ数を算出すると 図2・3 のごとくなる.

また，式（2・21）を 式（2・6）に代入すると，

$$\frac{\rho_0}{\rho} = \left(\frac{P_0}{P}\right)^{\frac{1}{k}} \tag{2・6}$$

であるから,

$$\frac{\rho_0}{\rho} = \left(\frac{k-1}{2}M^2 + 1\right)^{\frac{1}{k-1}} \tag{2・22}$$

となる．すなわち，式（2・22）により，流路内の任意の場所での密度 $\rho$，または $\rho = 1/v$ であるから比容積 $v$ が分かれば，貯気槽の密度 $\rho_0$ または比容積 $v_0$ との比によって，その場所での **流れのマッハ数** $M$ を求めることができる．貯気槽の密度 $\rho_0$ と流路内のある場所の密度 $\rho$ との比からその場所のマッハ数を算出すると図2・3 のごとくなる．

### 2・1・4　最大速度

ここで, 圧力差によって, 気体の流れは最大どのくらいの速度が出るのかを計算する．流路に高さ変化がない等エントロピー流れにおいて貯気槽の圧力と流路内のある位置の圧力との比から流れの速度 $V$ は 式（2・8）より $z_0 - z = 0$ として求めることができる．

$$V^2 = 2\left\{\frac{1}{k-1}c_0{}^2\left(1-\left(\frac{P}{P_0}\right)^{\frac{k-1}{k}}\right) + g(z_0 - z)\right\} \tag{2・8}$$

であるから,

$$V^2 = 2\left\{\frac{1}{k-1}c_0{}^2\left(1-\left(\frac{P}{P_0}\right)^{\frac{k-1}{k}}\right)\right\} \tag{2・23}$$

であり，したがって,

$$V=\left[\frac{2c_0{}^2}{k-1}\left\{1-\left(\frac{P}{P_0}\right)^{\frac{k-1}{k}}\right\}\right]^{\frac{1}{2}} \tag{2・24}$$

となり，圧力差によって発生する気体の流れの速度を求めることができる．この式で流れの速度を最大にするのは，圧力 $P$ がゼロの状態，すなわち真空まで減圧膨張させた場合である．この時の流れの **最大速度** は $P=0$ とすると，次式のごとくなる．

$$V_{\max}=c_o\left(\frac{2}{k-1}\right)^{\frac{1}{2}} \tag{2・25}$$

例えば，空気の比熱比は $k=1.4$ であるから，式（2・25）に代入すると，

$$V_{\max}=2.236c_o \tag{2・26}$$

となる．すなわち，本書の冒頭で，流れは圧力差によって発生すると述べたが，圧力差によって発生する気体の流れの最大速度は無限に大きくなるわけではなく有限値を持ち，等エントロピー流れにおいては，貯気槽内音速の 2.236倍 の速度が最大速度である．一方，等エントロピー流れにおいて流路の圧力 $P$ とマッハ数の関係は 式（2・21）より，

$$\frac{P_0}{P}=\left(\frac{k-1}{2}M^2+1\right)^{\frac{k}{k-1}} \tag{2・21}$$

で求められるが，圧力 $P$ がゼロの状態すなわち真空まで減圧膨張させた場合は，左辺の分母の圧力 $P$ がゼロとなり左辺は無限大の大きさとなる．したがって右辺のマッハ数 $M$ も無限大の大きさとなる．これは，等エントロピー変化である可逆断熱変化における圧力 $P$ と温度 $T$ との関係が，式（1・97）に示されているように，

$$\frac{P}{T^{\frac{k}{k-1}}}=const \tag{1・97}$$

であり，したがって，

$$T = \left(\frac{P}{const}\right)^{\frac{k-1}{k}} \qquad (2・27)$$

となるが，右辺の圧力 $P$ がゼロになることにより，左辺の絶対温度 $T$ がゼロとなり，等エントロピー流れにおける圧力の伝播速度は 式（1・23）

$$c = (k \times R \times T)^{\frac{1}{2}} \qquad (1・23)$$

より求められるが，右辺の絶対温度 $T$ がゼロの時，左辺の圧力の伝播速度 $c$ はゼロとなる．したがって，圧力差によって発生させ得る流れの最大速度は 式（2・26）に示されるように有限の値であるが，そのときの圧力 $P$ をゼロまで膨張させた時の圧力

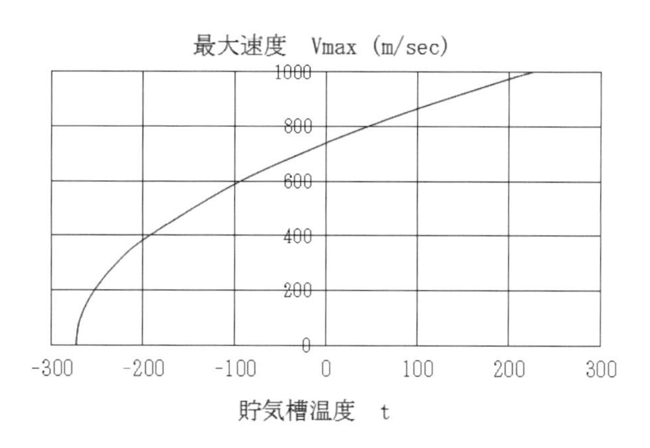


図2・4　貯気槽温度と圧力差による流れの最大速度との関係

の伝播速度 $c$ がゼロとなるため，その場所での流れのマッハ数 $M\max$ は，無限大の大きさとなる．ここで，貯気槽の温度に対する流れの **最大速度** を算出すると，図2・4 のごとくなる．

## 2・1・5　1次元等エントロピー流れの基礎式

ここでは，1次元等エントロピー流れにおいて適用される基礎式について述べる．またこれらの基礎式が流れの解析の中で微分形式で適用されることもあることから，微分形式で表示する方法を示すとともに，いくつかの基礎式は最初から微小体積素片に作用する圧力や速度等を考えて微分形式の式を導出し，流れの解析における微分の考え方や展開を理解する．

### （1） 状態方程式

1次元等エントロピー流れだけでなく，熱平衡にある気体に適用できる，圧力 $P$ と密度 $\rho$ と絶対温度 $T$ との間の関係を表す状態方程式は 式（1・22）より，

$$\frac{P}{\rho}=R\times T \tag{1・22}$$

であり，したがって，

$$P=\rho RT \tag{2・28}$$

となる．ここで両辺の対数をとり展開し，分母・分子に微分変数を掛ける．

$$\ln P=\ln(\rho RT)$$

$$\ln P=\ln\rho+\ln R+\ln T$$

$$\frac{d(\ln P)}{dP}dP=\frac{d(\ln\rho)}{d\rho}d\rho+\frac{d(\ln R)}{dR}dR+\frac{d(\ln T)}{dT}dT$$

各項を微分すると，気体定数 $R$ は定数でその微分はゼロとなるから，

$$\frac{1}{P}dP=\frac{1}{\rho}d\rho+\frac{1}{T}dT$$

となり，**状態方程式は微分形式**で次のように表すことができる．

$$\frac{dP}{P}=\frac{d\rho}{\rho}+\frac{dT}{T} \tag{2・29}$$

### （２） 等エントロピー式

等エントロピーの特性式は，式（1・99）より，

$$\frac{P}{\rho^k} = const \tag{1・99}$$

であり，したがって同様に両辺の対数をとり展開し，両辺を微分すると，

$$\ln\left(\frac{P}{\rho^k}\right) = \ln(const)$$

$$\ln P - \ln \rho^k = \ln(const)$$

$$\ln P - k \ln \rho = \ln(const)$$

$$\frac{d(\ln P)}{dP} dP - k \frac{d(\ln \rho)}{d\rho} d\rho = 0$$

$$\frac{1}{P} dP - k \frac{1}{\rho} d\rho = 0$$

となり，**等エントロピーの特性式は微分形式** で次のように表すことができる．

$$\frac{dP}{P} - k \frac{d\rho}{\rho} = 0 \tag{2・30}$$

### （３） 連続の式

**連続の式** は，流路途中で流体は消滅も増加もせず流路各断面を流れる質量 $m$ は一定であるという考えを式に表わしたもので，密度を $\rho$，断面積を $A$，流れの速度を $V$ とすると，

$$m = \rho A V = const \tag{2・31}$$

であり，同様にこの式の両辺の対数をとり展開し，両辺を微分すると，

$$\ln(\rho A V) = \ln(const)$$

$$\ln \rho + \ln A + \ln V = \ln(const)$$

$$\frac{d(\ln\rho)}{d\rho}d\rho+\frac{d(\ln A)}{dA}dA+\frac{d(\ln V)}{dV}dV=0$$

$$\frac{1}{\rho}d\rho+\frac{1}{A}dA+\frac{1}{V}dV=0$$

となり，**連続の式は微分形式** で次のように表すことができる．

$$\frac{d\rho}{\rho}+\frac{dA}{A}+\frac{dV}{V}=0 \qquad (2\cdot32)$$

## （４） 連続の方程式

連続の方程式は前項の連続の式と同じく，流れ途中で流体は消滅も増加もしないという質量の保存則を，流路断面ではなく流体の流れの中の微小な体積素片に適用し，この体積素片に流入する質量は，体積素片からの流出質量＋体積素片の質量の増加 に等しいと考えて導き出す方程式である．この方程式は，圧縮性や粘性の有無にかかわらず一

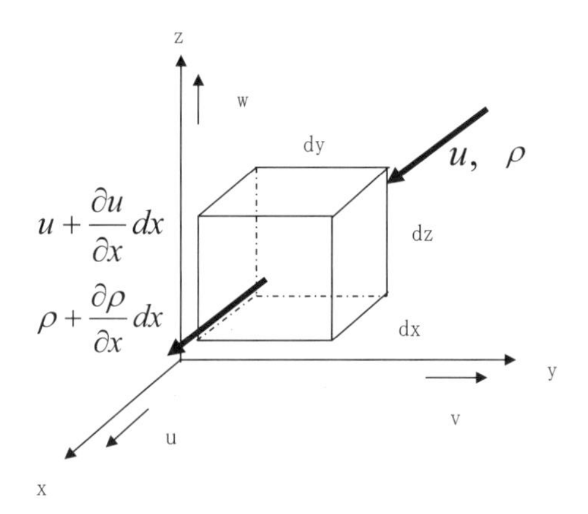


図2・5　体積素片への流入と流出

般の流体に適用可能である．今 図2・5に示すように流れの中に，それぞれ $dx, dy, dz$ の長さの辺をもつ **微小体積素片** を考える．流れの速度 $V$ の $x, y, z$ 方向の成分を $u, v, w$ 流体の密度を $\rho$ とすると，単位時間当たりの流入質量 $m_i$ は，密度×速度×面積で求められるから，$x, y, z$ 方向の総和としては，

$$m_i = \rho u dydz + \rho v dzdx + \rho w dxdy \tag{2・33}$$

となる．また単位時間に流出する流出質量 $m_o$ は，それぞれ位置が $dx, dy, dz$ 変化した面から密度と速度が変化しての流出となるからその総和は，

$$m_o = \left(\rho + \frac{\partial \rho}{\partial x}dx\right)\left(u + \frac{\partial u}{\partial x}dx\right)dydz + \left(\rho + \frac{\partial \rho}{\partial y}dy\right)\left(v + \frac{\partial v}{\partial y}dy\right)dzdx$$
$$+\left(\rho + \frac{\partial \rho}{\partial z}dz\right)\left(w + \frac{\partial w}{\partial z}dz\right)dxdy \tag{2・34}$$

となる．式を展開して2次の微小項を省略すると，

$$m_o = \left(\rho u + \rho\frac{\partial u}{\partial x}dx + u\frac{\partial \rho}{\partial x}dx + \frac{\partial \rho}{\partial x}dx \cdot \frac{\partial u}{\partial x}dx\right)dydz$$
$$+\left(\rho v + \rho\frac{\partial v}{\partial y}dy + v\frac{\partial \rho}{\partial y}dy + \frac{\partial \rho}{\partial y}dy \cdot \frac{\partial v}{\partial y}dy\right)dzdx$$
$$+\left(\rho w + \rho\frac{\partial w}{\partial z}dz + w\frac{\partial \rho}{\partial z}dz + \frac{\partial \rho}{\partial z}dz \cdot \frac{\partial w}{\partial z}dz\right)dxdy$$
$$\approx \left(\rho u + \frac{\partial}{\partial x}(\rho u)dx\right)dydz + \left(\rho v + \frac{\partial}{\partial y}(\rho v)dy\right)dzdx$$
$$+\left(\rho w + \frac{\partial}{\partial z}(\rho w)dz\right)dxdy \tag{2・35}$$

となる．一方，単位時間でのこの微小体積素片の質量の増加分は，時間に対する密度の増加割合×時間×体積で求められるから，

$$m_t = \frac{\partial \rho}{\partial t} \times 1 \times dxdydz \tag{2・36}$$

となる．したがって，上述した質量保存則の考え方より，

$$m_i = m_o + m_t \tag{2・37}$$

であるから，式（2・37）に，式（2・33），式（2・35）と 式（2・36）を代入し，$dxdydz$ で割ると，

$$\rho u dydz + \rho v dzdx + \rho w dxdy = \left( \rho u + \frac{\partial}{\partial x}(\rho u)dx \right) dydz + \left( \rho v + \frac{\partial}{\partial y}(\rho v)dy \right) dzdx$$

$$+ \left( \rho w + \frac{\partial}{\partial z}(\rho w)dz \right) dxdy + \frac{\partial \rho}{\partial t} dxdydz$$

$$\frac{\partial \rho}{\partial t} + \frac{\partial}{\partial x}(\rho u) + \frac{\partial}{\partial y}(\rho v) + \frac{\partial}{\partial z}(\rho w) = 0 \tag{2・38}$$

となる．式（2・38）が **連続の方程式** である．導出の過程から左辺第1項 $\frac{\partial \rho}{\partial t}$ が密度の増加分，第2項，第3項，第4項の $\frac{\partial}{\partial x}(\rho u) + \frac{\partial}{\partial y}(\rho v) + \frac{\partial}{\partial z}(\rho w)$ がそれぞれ $x, y, z$ 方向の流出入の質量差を表していることが分かる．その全ての総和はゼロで，流入質量に対し流出質量が多くなれば，密度がマイナスとなり減少する．流れが時間に対し変化しない **定常流の場合の連続の方程式** は，時間を変数とした微分は変化なくゼロとなるから 式（2・38）は次のようになる．

$$\frac{\partial}{\partial x}(\rho u) + \frac{\partial}{\partial y}(\rho v) + \frac{\partial}{\partial z}(\rho w) = 0 \tag{2・39}$$

また，**非圧縮性流体の場合の連続の方程式** は，密度変化は無く一定であるから 式（2・39）はさらに次のようになる．

$$\frac{\partial u}{\partial x}+\frac{\partial v}{\partial y}+\frac{\partial w}{\partial z}=0 \tag{2・40}$$

## （5）　運動方程式

運動方程式については，ここで取り扱っている気体は粘性がない気体であるので，まず粘性項を持たない3次元の **オイラーの運動方程式** を導出し，それを1次元に単純化する．運動方程式は，3次元の場合，$x, y, z$ の3方向で運動方程式をたてるが，ここでは，$x$ 方向の運動方程式について詳細に説明し，$y, z$ 方向については，$x$ 方向に準ずるものとする．流れの中に，3辺の長さが，$\delta x, \delta y, \delta z$ の微小六面体の **微小体積素片** を考え，この微小体積素片に加わる力と位置と速度を考える．図2・6に，時刻 $t$ と時刻 $t+dt$ における$x, y$ 方向座標での微小体積素片を示す．

まず，時刻 $t=t$ の時，$x$ 方向左面からこの微小体積素片に作用する圧力を $P$ とすると，この微小体積素片の右面から作用する圧力は，微分の考え方より圧力の $x$ 方向距離に対する変化割合は $\partial P/\partial x$ で表わすことができ，左面から右面までの距離は$\delta x$ であるから，左面から右面までの圧力の変化は，

$$\frac{\partial P}{\partial x}\delta x$$

で表わすことができる．したがって右面からの圧力は，左面からの圧力にこの変化分を加えればよいから，

$$P+\frac{\partial P}{\partial x}\delta x \tag{2・41}$$

となる．ここで，圧力の変化割合を偏微分で表示しているのは，圧力が 変数 $x$ だけで変化するのではなく $y, z, t$ によっても変化するため偏微分表示となる．同様に，時刻 $t=t$ における $y$ 方向の圧力も，図において微小体積素片下面からの圧力を$P$ とすると，上面からの圧力は，

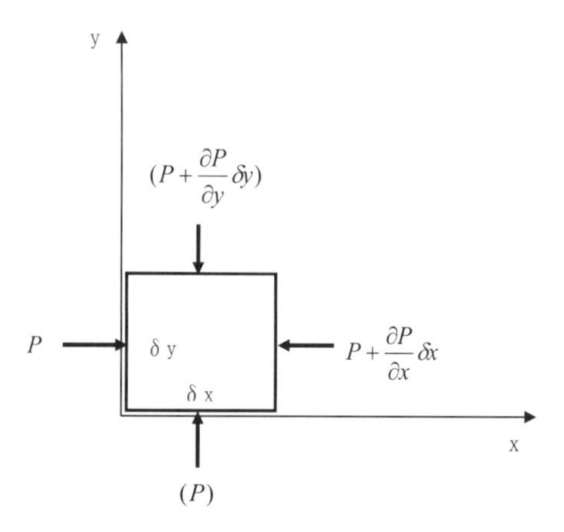


$a$ ：時刻 $t=t$

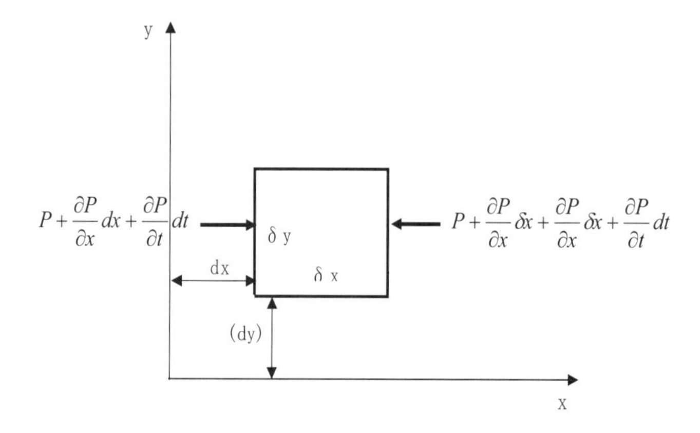


$b$ ：時刻 $t=t+dt$

図2・6　流体中の微小体積素片に作用する圧力

$$P+\frac{\partial P}{\partial y}\delta y \qquad (2・42)$$

となる．いま，時間が経過して，時刻 $t+dt$ になった時，流れの中でこの微小体積素片が $x, y$ 方向にそれぞれ $dx, dy$ だけ移動したとする．この時圧力は，$x, y, z$ の3方向の位置によっても変化すると同時に，同じ位置でも時刻によって変化するから，圧力のこの間の変化分は，位置による変化分と時刻による変化分を加味する必要がある．従って，微小体積素片 $x$ 方向左側から作用する圧力は，

$$P+\frac{\partial P}{\partial x}dx+\frac{\partial P}{\partial t}dt \qquad (2・43)$$

であり，同じく微小体積素片 $x$ 方向右側から作用する圧力は，

$$P+\frac{\partial P}{\partial x}\delta x+\frac{\partial P}{\partial x}dx+\frac{\partial P}{\partial t}dt \qquad (2・44)$$

で表わすことができる．これら微小体積素片に作用する圧力をもとに，この微小体積素片に作用する力とそれによって生じる速度の変化，すなわち加速度を **ニュートンの運動の第2法則** に基づいて考える．1・1節 で述べたように，ニュートンの運動の第2法則は，$x$ 方向に作用する力を $F_x$，微小体積素片の質量を $m$，$x$ 方向の速度を $u$，加速度を $\alpha_x$ とすると 式（1・1）と 式（1・4）に準じて，

$$m\alpha = F \qquad (1・1)$$

$$m\frac{dV}{dt}=F \qquad (1・4)$$

であるから，

$$F_x = m\alpha_x = m\frac{Du}{Dt} \qquad (2・45)$$

で表わすことができる．力は，圧力×面積で求めることができるから，時刻 $t=t$ から $t=t+dt$ 間に微小体積素片の $x$ 方向左面に働く力の平均 $F_{xl}$ は，両時刻の力を

加えて2で割れば良いから，時刻 $t=t$ での圧力 $P$ と 式（2・43）より，

$$F_{xl}=\frac{1}{2}\left(P+(P+\frac{\partial P}{\partial x}dx+\frac{\partial P}{\partial t}dt)\right)\delta y\delta z$$

$$=P\delta y\delta z+\frac{1}{2}\left(\frac{\partial P}{\partial x}dx+\frac{\partial P}{\partial t}dt\right)\delta y\delta z \qquad (2・46)$$

となる．同様に微小体積素片の $x$ 方向右面に働く力の平均 $F_{xr}$ は，式（2・41）および 式（2・44）より，

$$F_{xr}=\frac{1}{2}\left((P+\frac{\partial P}{\partial x}\delta x)+(P+\frac{\partial P}{\partial x}\delta x+\frac{\partial P}{\partial x}dx+\frac{\partial P}{\partial t}dt\right)\delta y\delta z$$

$$=\left(P+\frac{\partial P}{\partial x}\delta x\right)\delta y\delta z+\frac{1}{2}\left(\frac{\partial P}{\partial x}dx+\frac{\partial P}{\partial t}dt\right)\delta y\delta z \qquad (2・47)$$

となり，全体として $x$ の正方向には,

$$F_x=F_{xl}-F_{xr}=-\frac{\partial P}{\partial x}\delta x\delta y\delta z \qquad (2・48)$$

の力が働く．加速度 $\alpha_x$ は，$dt$ 時間の間に変わった速度の変化量を $dt$ 時間で割れば算出できるが，$dt$ 時間のうちに微小体積素片は位置が $dx,dy,dz$ だけ変化し，時間も $dt$ だけ変化するから,

$$\alpha_x=\frac{Du}{Dt}=\frac{u_{x+dx,y+dy,z+dz.t+dt}-u_{x,y,z,t}}{dt}$$

$$=\frac{(u+\frac{\partial u}{\partial x}dx+\frac{\partial u}{\partial y}dy+\frac{\partial u}{\partial z}dz+\frac{\partial u}{\partial t}dt)-u}{dt}$$

$$=\frac{dx}{dt}\frac{\partial u}{\partial x}+\frac{dy}{dt}\frac{\partial u}{\partial y}+\frac{dz}{dt}\frac{\partial u}{\partial z}+\frac{dt}{dt}\frac{\partial u}{\partial t}$$

$$\alpha_x = \frac{Du}{Dt} = \frac{dx}{dt}\frac{\partial u}{\partial x} + \frac{dy}{dt}\frac{\partial u}{\partial y} + \frac{dz}{dt}\frac{\partial u}{\partial z} + \frac{\partial u}{\partial t} \tag{2・49}$$

となる．ここで,

$$\frac{dx}{dt} = u、\quad \frac{dy}{dt} = v、\quad \frac{dz}{dt} = w \tag{2・50}$$

であるから 式（2・49）は,

$$\alpha_x = u\frac{\partial u}{\partial x} + v\frac{\partial u}{\partial y} + w\frac{\partial u}{\partial z} + \frac{\partial u}{\partial t} \tag{2・51}$$

となる．微小体積素片の質量 $m$ は，密度を $\rho$ とすると,

$$m = \rho \cdot \delta x \delta y \delta z \tag{2・52}$$

であるから，式（2・48），式（2・52）と，式（2・51）を 式（2・45）に代入すると,

$$F_x = m\alpha_x = m\frac{Du}{Dt} \tag{2・45}$$

$$-\frac{\partial P}{\partial x}\delta x \delta y \delta z = (\rho \cdot \delta x \delta y \delta z) \times \left(\frac{\partial u}{\partial t} + u\frac{\partial u}{\partial x} + v\frac{\partial u}{\partial y} + w\frac{\partial u}{\partial z}\right)$$

となり，したがって,

$$\frac{\partial u}{\partial t} + u\frac{\partial u}{\partial x} + v\frac{\partial u}{\partial y} + w\frac{\partial u}{\partial z} = -\frac{1}{\rho}\frac{\partial P}{\partial x} \tag{2・53}$$

となる．式（2・53）が $x$ 方向の **オイラーの運動方程式** であり，各項の物理的な意味は，$\frac{\partial u}{\partial t} + u\frac{\partial u}{\partial x} + v\frac{\partial u}{\partial y} + w\frac{\partial u}{\partial z}$ が加速度であり，$\rho$ が質量，$-\frac{\partial P}{\partial x}$ が力の項である．

同様に $y$，$z$ 方向のオイラーの運動方程式を導出すると,

$$\frac{\partial v}{\partial t} + u\frac{\partial v}{\partial x} + v\frac{\partial v}{\partial y} + w\frac{\partial v}{\partial z} = -\frac{1}{\rho}\frac{\partial P}{\partial y} \tag{2・54}$$

$$\frac{\partial w}{\partial t}+u\frac{\partial w}{\partial x}+v\frac{\partial w}{\partial y}+w\frac{\partial w}{\partial z}=-\frac{1}{\rho}\frac{\partial P}{\partial z} \qquad (2\cdot 55)$$

となる．以上の 式（2・53），式（2・54），式（2・55）が，3次元の流れでのそれぞれ $x, y, z$ 方向の **オイラーの運動方程式** である．

図2・1のモデルに適用すると，1次元であってなおかつ時間に対し流れ方の変わらない定常流であるから $y, z$ 方向の変数の項と時間の微分項はゼロとなり，式（2・53）は次のように表わされる．

$$\frac{\partial u}{\partial t}+u\frac{\partial u}{\partial x}+v\frac{\partial u}{\partial y}+w\frac{\partial u}{\partial z}=-\frac{1}{\rho}\frac{\partial P}{\partial x} \qquad (2\cdot 53)$$

であるから，

$$u\frac{\partial u}{\partial x}=-\frac{1}{\rho}\frac{\partial P}{\partial x} \qquad (2\cdot 56)$$

したがって，

$$u\frac{\partial u}{\partial x}+\frac{1}{\rho}\frac{\partial P}{\partial x}=0 \qquad (2\cdot 57)$$

となる．式（2・57）の左辺第二項を右辺に移項し， $x$ で積分すると，

$$\int u\frac{\partial u}{\partial x}dx=-\int\frac{1}{\rho}\frac{\partial P}{\partial x}dx$$

$$udu=-\frac{1}{\rho}dP \qquad (2\cdot 58)$$

となり，したがって，

$$udu+\frac{1}{\rho}dP=0 \qquad (2\cdot 59)$$

となる．

### （６）　圧力の伝播式

等エントロピー流れにおける圧力の伝播式，すなわち音速の式に関してはすでに 1・5節 で詳細に導出しているが，圧力の伝播速度は，式（1・23）より，

$$c = (k \times R \times T)^{\frac{1}{2}} \tag{1・23}$$

である．この式の両辺の対数をとり展開し両辺を微分すると，比熱比 $k$ と気体定数 $R$ はともに定数であり微分するとゼロとなるから，

$$\ln c = \ln\left( (kRT)^{\frac{1}{2}} \right)$$

$$\ln c = \frac{1}{2}\ln(kRT)$$

$$2\ln c = \ln(kRT)$$

$$2\ln c = \ln(kR) + \ln T$$

$$2\frac{d(\ln c)}{dc}dc = \frac{d(\ln T)}{dT}dT$$

$$2\frac{1}{c}dc = \frac{1}{T}dT$$

となる．すなわち，等エントロピー流れにおける **圧力の伝播式すなわち音速の式は微分形式** で 次のように表すことができる．

$$2\frac{dc}{c} = \frac{dT}{T} \tag{2・60}$$

### （７）　マッハ数の定義式

流れの速度と，その場所での圧力の伝播速度との比であるマッハ数は 式（2・15）で定義されているから，

$$M = \frac{V}{c} \tag{2・15}$$

であり，この式の両辺の対数をとり展開し両辺を微分すると，

$$\ln M = \ln\left(\frac{V}{c}\right)$$

$$\ln M = \ln V - \ln c$$

$$\frac{d(\ln M)}{dM}dM = \frac{d(\ln V)}{dV}dV - \frac{d(\ln c)}{dc}dc$$

となり，**マッハ数は微分形式** で次のように表すことができる．

$$\frac{dM}{M} = \frac{dV}{V} - \frac{dc}{c} \tag{2・61}$$

## 2・2　流路断面積変化と流れの状態量変化

**1次元等エントロピー流れ** において，流れは1次元の流れであるから流れ方向の流路断面積変化にのみ依存して流れの諸量が変化する．本節では，流路断面積変化と各状態量の変化について説明する．

### （1）　断面積変化と速度変化

断面積の拡大や縮小によって等エントロピー流れにおける速度はどのように変化するのかを，連続の式 をベースとして オイラーの運動方程式，圧力の伝播式 と マッハ数の定義式 を使って考える．

1次元，定常流れのオイラーの運動方程式は，前述の 式(2・58) より，

$$udu = -\frac{1}{\rho}dP \tag{2・58}$$

であるから，右辺の分母・分子に $d\rho$ を掛けると，

$$udu = -\frac{dP}{d\rho}\frac{d\rho}{\rho} \tag{2・62}$$

となり，圧力の伝播式 式（1・14）は，

$$c = \left(\frac{dP}{d\rho}\right)^{\frac{1}{2}} \tag{1・14}$$

であるから，式（2・62）に 式（1・14）を代入すると，

$$udu = -c^2\frac{d\rho}{\rho} \tag{2・63}$$

となる．式（2・63）の右辺と左辺をそれぞれ反対に移項し，両辺を $-c^2$ で除してマッハ数の定義式 式（2・15）を適用すると，1 次元の流れのため $V = u$ であるから，

$$M = \frac{V}{c} = \frac{u}{c} \tag{2・15}$$

となり，式（2・63）は，

$$\frac{d\rho}{\rho} = -\frac{u}{c^2}du = -\frac{u^2}{c^2}\frac{du}{u} = -M^2\frac{du}{u} \tag{2・64}$$

となる．連続の式 式(2・32）の $V$ を $u$ に変えた次式に 式（2・64）を代入すると，

$$\frac{d\rho}{\rho} + \frac{dA}{A} + \frac{dV}{V} = 0 \tag{2・32}$$

であるから，

$$\frac{d\rho}{\rho} + \frac{dA}{A} + \frac{du}{u} = 0$$

となり，

$$-M^2\frac{du}{u} + \frac{dA}{A} + \frac{du}{u} = 0 \tag{2・65}$$

となる．したがって，

$$\frac{du}{u}\left(1-M^2\right)+\frac{dA}{A}=0$$

$$\frac{du}{u}=\frac{1}{M^2-1}\frac{dA}{A} \tag{2・66}$$

となる．式（2・66）は，**断面積変化と速度変化の関係** を表す．

すなわち，流れの速度が亜音速で $M<1$ の場合は $1/(M^2-1)$ は負であり，流路の断面積が増加する $dA>0$ の時，流れの速度変化は $du<0$ となり減速する．逆に，断面積が減少する $dA<0$ の時は，流れの速度変化は $du>0$ となり増速する．これは，われわれが水などの非圧縮性流体で思い浮かべる連続の式からの流路断面積の増減によって流れの速度が減少増加することと一致している．

また流れの速度が超音速で $M>1$ の場合は $1/(M^2-1)$ は正であり，流路の断面積が増加する $dA>0$ の時，流れの速度変化は $du>0$ となり加速する．逆に，断面積が減少する $dA<0$ の時は，流れの速度変化は $du<0$ となり減速する．すなわち，超音速の流れにおいては，われわれが流路断面積と速度に対して持っている概念と全く逆の考え方が必要で，流れを加速させるためには流路断面積の拡大が必要であり，逆に減速させるためには，流路断面積の減少が必要である．

### （2）　断面積変化と密度変化

同様に断面積の拡大や縮小によって密度はどのように変化するのか，連続の式 および 断面積と速度の関係式 を使って考える．

連続の式は 式（2・32）であるから，

$$\frac{d\rho}{\rho}+\frac{dA}{A}+\frac{dV}{V}=0 \tag{2・32}$$

であり，この式の $V$ を $u$ に変えて 式（2・66）を代入すると，

$$\frac{d\rho}{\rho}+\frac{dA}{A}+\frac{1}{M^2-1}\frac{dA}{A}=0$$

$$\frac{d\rho}{\rho}+\frac{M^2}{M^2-1}\frac{dA}{A}=0$$

となり，したがって，

$$\frac{d\rho}{\rho}=-\frac{M^2}{M^2-1}\frac{dA}{A} \tag{2・67}$$

となる．式（2・67）は，**断面積変化と密度変化の関係** を表す．

すなわち，流れの速度が亜音速で $M<1$ の場合は $-M^2/(M^2-1)$ は正で，流路の断面積が増加する $dA>0$ の時，流れの密度変化は $d\rho>0$ となり増加する．逆に，断面積が減少する $dA<0$ の時は，流れの密度変化は $d\rho<0$ となり減少する．これは，断面積の増加により速度が減少し，圧力が増加するため密度が増加するというわれわれの一般的な流体の流れの想起から理解できる．

他方流れの速度が超音速で $M>1$ の場合は $-M^2/(M^2-1)$ は負で，流路の断面積が増加する $dA>0$ の時，流れの密度変化は $d\rho<0$ となり密度は減少する．この場合，$M>1$ の時，右辺の係数は $M^2/(M^2-1)>1$ となるため，面積の拡大以上の割合で密度の減少が発生する．これが，超音速流において，面積が拡大するにもかかわらず流れの速度が増加する理由である．断面積が減少する $dA<0$ の時は，流れの密度変化は $d\rho>0$ となり増加する．

### （３） 断面積変化と圧力変化

同様に断面積の拡大や縮小によって圧力はどのように変化するのか，等エントロピー変化式 および 断面積と密度の関係式 を使って考える．

等エントロピー変化式の微分形は 式（2・30）で表わされるから，

$$\frac{dP}{P}-k\frac{d\rho}{\rho}=0 \tag{2・30}$$

であり，この式に 式（2・67）を代入すると，

$$\frac{d\rho}{\rho}=-\frac{M^2}{M^2-1}\frac{dA}{A} \tag{2・67}$$

であるから，

$$\frac{dP}{P}+k\frac{M^2}{M^2-1}\frac{dA}{A}=0$$

であり，したがって，

$$\frac{dP}{P}=-\frac{kM^2}{M^2-1}\frac{dA}{A} \tag{2・68}$$

となる．式（2・68）は，**断面積変化と圧力変化の関係** を表す．

すなわち，流れの速度が亜音速で $M<1$ の場合は $-kM^2/(M^2-1)$ は正で，流路の断面積が増加する $dA>0$ の時，流れの圧力変化は $dP>0$ となり増加する．逆に断面積が減少する $dA<0$ の時は，流れの圧力変化は $dP<0$ となり減少する．これは，断面積の増加により速度が減少して圧力が増加し，また断面積の減少により速度が増加して圧力が減少するという一般的な流体の流れの特性から理解できる．

他方流れの速度が超音速で $M>1$ の場合は $-kM^2/(M^2-1)$ は負で，流路の断面積が増加する $dA>0$ の時，流れの圧力変化は $dP<0$ となり圧力は減少する．逆に断面積が減少する $dA<0$ の時は，流れの圧力変化は $dP>0$ となり増加する．

### （４） 断面積変化と温度変化

同様に断面積の拡大や縮小によって温度はどのように変化するのか，状態方程式 および 断面積と密度の関係式，断面積と圧力の関係式 を使って考える．

状態方程式の微分形は 式（2・29）から，

$$\frac{dP}{P}=\frac{d\rho}{\rho}+\frac{dT}{T} \qquad (2\cdot 29)$$

であるから，この式に 式（2・68）と 式（2・67）を代入すると，

$$-\frac{kM^2}{M^2-1}\frac{dA}{A}=-\frac{M^2}{M^2-1}\frac{dA}{A}+\frac{dT}{T}$$

となり，したがって，

$$\frac{dT}{T}=-\frac{(k-1)M^2}{M^2-1}\frac{dA}{A} \qquad (2\cdot 69)$$

となる．式（2・69）は，**断面積変化と温度変化** の関係を表す．

すなわち，流れの速度が亜音速で $M<1$ の場合は $-(k-1)M^2/(M^2-1)$ は正で，流路の断面積が増加する $dA>0$ の時，流れの温度変化は $dT>0$ となり増加する．逆に，断面積が減少する $dA<0$ の時は，流れの温度変化は $dT<0$ となり減少する．これは，断面積の増加により速度が減少し，圧力が増加して圧縮となり温度が増加するという一般的な流体の流れの特性から理解できる．

他方流れの速度が超音速で $M>1$ の場合は $-(k-1)M^2/(M^2-1)$ は負で，流路の断面積が増加する $dA>0$ の時，流れの温度変化は $dT<0$ となり温度は減少する．逆に，断面積が減少する $dA<0$ の時は，流れの温度変化は $dT>0$ となり増加する．亜音速の場合と逆であるが，これも，圧力の減少によって温度が減少し，圧力の増加によって温度が増加することで理解できる．

### （５） 断面積変化と音速変化

同様に断面積の拡大や縮小によって流路中の音速はどのように変化するのか，等エントロピー変化における音速は絶対温度に依存するため，音速の式 および 断面積と温度の関係式 を使って考える．

音速の微分形は 式（2・60）より

$$2\frac{dc}{c}=\frac{dT}{T} \tag{2・60}$$

であるから，この式に 式（2・69）を代入すると，

$$2\frac{dc}{c}=-\frac{(k-1)M^2}{M^2-1}\frac{dA}{A}$$

となり，したがって，

$$\frac{dc}{c}=-\frac{(k-1)M^2}{2(M^2-1)}\frac{dA}{A} \tag{2・70}$$

となる．式（2・70）は，**断面積変化と音速変化の関係** を表す．音速は流路中一定ではなく，等エントロピー流れの各所では温度に依存して変化する．

すなわち，流れの速度が亜音速で $M<1$ の場合は $-(k-1)M^2/2(M^2-1)$ は正で，流路の断面積が増加する $dA>0$ の時，流れの音速変化は $dc>0$ で増加する．逆に，断面積が減少する $dA<0$ の時は，流れの音速変化は $dc<0$ で減少する．音速は，式（1・23）に示されるように温度の平方根に比例するが，これは，断面積の増加により速度が減少し，圧力が増加して温度が増加するという一般的な流体の流れの特性の想起から理解できる．

他方流れの速度が超音速で $M>1$ の場合は $-(k-1)M^2/2(M^2-1)$ は負で，流路の断面積が増加する $dA>0$ の時，流れの音速変化は $dc<0$ で音速は減少する．逆に，断面積が減少する $dA<0$ の時は，流れの音速変化は $dc>0$ で増加する．これも，音速が温度に依存して増減することから理解できる．

### （６） 断面積変化とマッハ数変化

同様に断面積の拡大や縮小によってマッハ数はどのように変化するのか，マッハ数は，流れの速度と音速との比であるため，マッハ数の式 および 断面積と速度，断面積と音速の関係式 を使って考える．

マッハ数の定義式の微分形は 式（2・61）より，

$$\frac{dM}{M}=\frac{dV}{V}-\frac{dc}{c} \tag{2・61}$$

であるから，この式の $dV/V$ に 式（2・66）の $du/u$ を，また $dc/c$ に 式（2・70）を代入すると，

$$\frac{du}{u}=\frac{1}{M^2-1}\frac{dA}{A} \tag{2・66}$$

$$\frac{dc}{c}=-\frac{(k-1)M^2}{2(M^2-1)}\frac{dA}{A} \tag{2・70}$$

であるから，

$$\frac{dM}{M}=\frac{1}{M^2-1}\frac{dA}{A}+\frac{(k-1)M^2}{2(M^2-1)}\frac{dA}{A}$$

$$=\frac{2}{2(M^2-1)}\frac{dA}{A}+\frac{(k-1)M^2}{2(M^2-1)}\frac{dA}{A}$$

となり，したがって，

$$\frac{dM}{M}=\frac{2+(k-1)M^2}{2(M^2-1)}\frac{dA}{A} \tag{2・71}$$

となる．式（2・71）は，**断面積変化とマッハ数変化の関係** を表す．マッハ数は流れの速度と音速に関係するが，流れの速度が亜音速で $M<1$ の場合は係数が負であるから，流路の断面積が増加する $dA>0$ の時，流れのマッハ数は $dM<0$ で減少する．逆に，断面積が減少する $dA<0$ の時は，流れのマッハ数変化は $dM>0$ で増加する．これは，断面積の増加により速度が減少すると共に，圧力が増加して温度が増加すると音速も増加するので，速度を音速で除したマッハ数は減少することから理解できる．
他方流れの速度が超音速で $M>1$ の場合は $(2+(k-1)M^2)/(2(M^2-1))$ は正で，流路の断面積が増加する $dA>0$ の時，流れのマッハ数変化は $dM>0$ でマッハ数は

増加する．逆に，断面積が減少する $dA<0$ の時は，流れのマッハ数変化は $dM<0$ で減少する．これらは，例えば $dA>0$ の時，速度が増加する一方，温度の減少によって音速が減少することから，マッハ数が増加することから理解できる．

### （7） 流路断面積変化と状態量変化のまとめと1次元等エントロピー流れにおける亜音速流から超音速流への流路断面積の構成

以上，1次元等エントロピー流れにおける流路断面積変化と流れの諸量の変化の関係をまとめて示すと 表2・1となる．

表2・1　等エントロピー流れにおける流路断面積変化と状態量の変化

| 断面積変化 ＼ 項目 | 亜音速流　$M<1$ | | 超音速流　$M>1$ | |
|---|---|---|---|---|
| | 断面積の減少　$dA<0$ | 断面積の増加　$dA>0$ | 断面積の減少　$dA<0$ | 断面積の増加　$dA>0$ |
| 速度　$u$ | 増加 | 減少 | 減少 | 増加 |
| 密度　$\rho$ | 減少 | 増加 | 増加 | 減少 |
| 圧力　$P$ | 減少 | 増加 | 増加 | 減少 |
| 温度　$T$ | 減少 | 増加 | 増加 | 減少 |
| 音速　$c$ | 減少 | 増加 | 増加 | 減少 |
| マッハ数　$M$ | 増加 | 減少 | 減少 | 増加 |

すなわち 表2・1より，以下のことが分かる．

（i）　流路の断面積が拡大するか縮小するかで，流れの諸量の増減は逆となる．

（ii）　流れのマッハ数が1より小さいか1より大きいか，すなわち流れが亜音速流か超音速流かで，断面積の増減に対する流れの諸量の増減は逆となる．

（iii）　亜音速流で流れの速度を増加させるためには流路断面積を縮小してゆくことが必要であり，超音速流で流れの速度を増加させるためには，逆に流路断面積を拡

大させる必要がある．これは，超音速流においては，面積変化と密度変化の関係式 式（2・67）

$$\frac{d\rho}{\rho}=-\frac{M^2}{M^2-1}\frac{dA}{A} \tag{2・67}$$

のマッハ数 $M$ に，たとえば $M=1.1$ や $M=10$ を代入すると，

$M=1.1$ の時　$\frac{d\rho}{\rho}=-5.762\frac{dA}{A}$

$M=10$ の時　$\frac{d\rho}{\rho}=-1.010\frac{dA}{A}$

となり，いずれの係数の絶対値も *1* 以上で面積の拡大以上の割合で密度が減少している，すなわち面積の拡大以上の割合で体積が膨張していることに依る．すなわち，亜音速流では，圧力差が流れの速度以上の速さで伝播した上で，その圧力差に基づいて流れに速度が発生するが，流れの速度が圧力の伝播速度以上の超音速流では圧力差による加速ではなく，流体は自らの膨張によって流路の拡大以上に膨張し加速する．

（iv）したがって，気体の流れを加速して超音速流を作るには，貯気槽から形成される流路においてまず亜音速流領域で面積を絞る流路を形成して加速をし，最も断面積が絞られた部分で音速となる流れを形成し，その後は流路断面積を拡大して超音速流としてさらに加速してゆくことが必要である．このように，流路面積を縮小しその後拡大して所望の超音速流を形成するノズルを，**ラバルノズル** という．

## 2・3　先細ノズルの流れ，臨界状態，流れのチョーク

その内部で流体の流れを加速させるものを **ノズル** と言うが（他方，その内部で流体の流れを減速させ運動エネルギーを圧力エネルギーに変換する機器を **ディフューザー**

と言う），貯気槽からつながって流路を形成し，気体の速度がゼロの状態から加速させるには，流路断面積を減少させてゆく必要がある．このように断面積を縮小させてその出口部で最小の断面積を持つノズルを **先細ノズル** という．今，図2・7に示すように，貯気槽，先細ノズル，ノズル外領域から成る流路が形成されていて，ノズル外領域にはバルブが設置されていて，バルブの開度によって気体を大気に放出しノズル外領域の圧力が調整できるものとする．

・まず，バルブが閉じている 状態（i）では，貯気槽，先細ノズル，ノズル外領域の圧力は，すべて貯気槽圧力 $P_0$ で，先細ノズル内の気体の速度もゼロで流れは発生しない．図 2・7　には，流路のモデル図の下に，流路内の圧力分布を示したが，圧力は $P_0$ で一定である．

・ノズル外領域のバルブを少し開けた 状態（ii）では，ノズル外領域の圧力 $P_z$ が低下しこの圧力低下が貯気槽まで音速で伝わり，貯気槽圧力 $P_0$ との間の圧力差によって，先細ノズル内に流れが生じる．この時，2・2（1）節，2・2（3）節で述べたようにノズル内部の断面積が縮小されていくに従い速度が増加するとともに圧力は低下する．先細ノズルではノズル内出口部が最も流路断面積が小さく，したがって流速が最大でノズル内圧力は最小になる．

・ノズル外領域のバルブをさらに開けた 状態（iii）では，ノズル外領域の圧力 $P_z$ がさらに低下するとともに，先細ノズル内の速度は速くなり，先細ノズルの出口部では，流れの速度が音速に達する．この時の先細ノズルの出口部の圧力は，後述する 式（2・73）より，$P_{e3}/P_0 = 0.528$ である．

・ノズル外領域のバルブをさらに開けた状態（iv）では，ノズル外領域の圧力 $P_z$ がさらに低下すると共にこの圧力低下は先細ノズル内を音速で貯気槽に伝えようとするが，先細ノズルの出口部の流れの速度が音速のため圧力差が貯気槽に伝わる速度と同じであり，この圧力差がノズル内をさかのぼって伝わることはなく，先細ノズル内の圧力分布および速度分布は（iii）の状態と同じである．したがって，先細ノズル

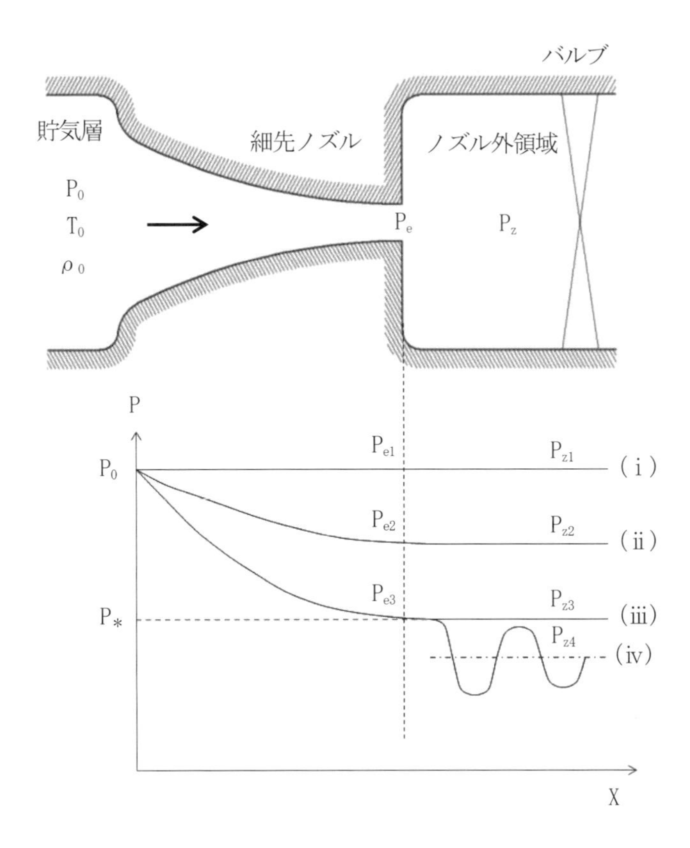


図2・7　先細ノズルの流れ

内出口部の圧力は（ⅲ）と同じ $P_{e3}$ のため $P_{z4}$ との間に圧力差を生じるが，これは後述するように，流れが先細ノズルからノズル外領域に噴出する時に先細ノズル出口部から膨張波を発生しながら，ノズル外領域で膨張・加速・減圧して，ノズル外領域の圧力 $P_{z4}$ と釣り合うようになる．

以上の流れにおいて，流れの速度が圧力の伝播する速度と同じ速度，すなわち音速になる場所の流れを **臨界流れ** といい，流れの速度が音速になる場所の圧力を **臨界圧力** という．図 2・7 では，$P_{e3}$ が臨界圧力になるが，今，臨界圧力を $P_*$ で表わすと，等エントロピー流れにおいて流路内のある位置でのマッハ数 $M$ と，その位置での圧力 $P$ と貯気槽圧力 $P_0$ との比との関係は，式（2・21）より，

$$\frac{P_0}{P}=\left(\frac{k-1}{2}M^2+1\right)^{\frac{k}{k-1}} \qquad (2・21)$$

であり，また，臨界流れが起こっている場所では，$M=1$，$P=P_*$ であるから，

$$\frac{P_0}{P_*}=\left(\frac{k-1}{2}+1\right)^{\frac{k}{k-1}}$$

$$\frac{P_0}{P_*}=\left(\frac{k+1}{2}\right)^{\frac{k}{k-1}} \qquad (2・72)$$

となる．空気等の流れでは，比熱比は，$k=1.4$ であるから，1.4 を代入すると，

$$\frac{P_0}{P_*}=1.893$$

であるから，

$$\frac{P_*}{P_0}=0.528 \qquad (2・73)$$

となる．したがって，貯気槽圧力 $P_0$ が分かれば，貯気槽から接続されて構成される流路内で，流れが音速となる場所の圧力が分かる．

式（2・73）からその逆も求められる．例えば，貯気槽に加圧空気を溜めて大気に噴出させるとき，噴出空気流が貯気槽の噴出孔出口で音速を出すための貯気槽圧力 $P_{0a}$ は，式（2・73）の $P_*$ を大気圧力とすれば良いから $P_*=101.3kPa.abs.$ となり，

$$P_{0_a} = \frac{P_*}{0.528} = \frac{101.3}{0.528} = 191.9kPa.abs. = 90.6kPa.g. \qquad (2・74)$$

となる．ここで，$abs.$ は真空を零として圧力を表示する **絶対圧力** を，$g.$ は大気圧を零として圧力を表示する **ゲージ圧力** を表わす．尚，流体力学における計算式では原則絶対圧力を用いる．$P_{0_a} = 191.9kPa.abs.$ の時の噴出孔出口の流れはマッハ数が 1 であるから，その場所の音速を計算すればそれは流れの速度となる．等エントロピー流れにおける音速は，1・5 節 で述べたように，温度に依存して変化するため，温度が流路内の各場所で変わる流れ場では温度に依存してすべての場所で音速が異なることになる．ある場所で流れが音速になった場合，臨界圧力同様流れが音速になった場所での音速を **臨界音速** $c_*$ と言い，その場所の温度を $T_*$ とすると，

$$c_* = \left(kRT_*\right)^{\frac{1}{2}} \qquad (2・75)$$

となる．また，貯気槽温度 $T_0$ とある場所の温度 $T$ との比と，この場所のマッハ数 $M$ との関係は 式（2・16）より，

$$\frac{T_0}{T} = \frac{k-1}{2}M^2 + 1 \qquad (2・16)$$

であるから，流れの速度が $M = 1$ となっている場所の温度を $T_*$ とし，$M = 1$ を代入すると，

$$\frac{T_0}{T_*} = \frac{k-1}{2} + 1 = \frac{k+1}{2} \qquad (2・76)$$

となり，式（2・76）を 式（2・75）に代入すると，

$$c_* = \left(kRT_0 \frac{2}{k+1}\right)^{\frac{1}{2}}$$

となるが，式（1・23）より，$kRT_0 = {c_0}^2$ であるから上式に代入すると，

$$c_* = \left(\frac{2}{k+1}\right)^{\frac{1}{2}} c_0 \tag{2・77}$$

となる．等エントロピー流れでは，比熱比 $k$ は，$k = 1.4$ であるから $1.4$ を代入すると，

$$c_* = 0.913 c_0 \tag{2・78}$$

となる．いま貯気槽温度 $20°C$，すなわち $293°K$ では，貯気槽内の音速は，

$$c_0 = (kRT)^{\frac{1}{2}} = (1.4 \times 286.8 \times 293)^{\frac{1}{2}} = 343.0 m/\sec$$

であり，そこから形成される流路内で流れの速度が $M = 1$ となる場所での流れの速度はその場所での音速，すなわち 臨界音速と同じであり，

$$c_* = 0.913 \times c_0 = 313.16 m/\sec$$

となる．また，流れの状態が（iv）のように，先細ノズル出口部で流れの速度が音速に達するとノズル外の圧力をさらに減少させて貯気槽との間の圧力比を高めても，ノズルの出口部での流れの速度が音速のため圧力低下を伝える圧力の伝播速度と同一であり，圧力低下が上流に伝わらず，ノズル内の流れは 状態（iii）と変わることがない．これを流れの **チョーク，閉塞** という．

次に，先細ノズルの流れの流速と，流れの流出質量を求める．

### （１） ノズル外圧力が臨界圧力より高い場合

図２・７ に示す流れの（ii）の状態では，先細ノズル内 およびノズル外領域のすべてで亜音速流である．ノズル内出口部の圧力が $P$ の流れにおける流速は，式（2・24）より，

$$V = \left[\frac{2{c_0}^2}{k-1}\left\{1 - \left(\frac{P}{P_0}\right)^{\frac{k-1}{k}}\right\}\right]^{\frac{1}{2}} \tag{2・24}$$

であるから，今，先細ノズル出口部における流速を $V_e$，先細ノズル内出口部の圧力を $P_e$，先細ノズル外領域の圧力を $P_z$ とすると，全領域で亜音速であるから圧力は断面積の変化に対応して等エントロピー的につながり，ノズル外領域の圧力はノズル内流れを伝播して $P_e = P_z$ となる．したがって先細ノズル出口の流れの速度は貯気槽圧力 $P_0$ とノズル外領域圧力 $P_z$ との比で決定され，式（2・24）に，$V = V_e$ および $P = P_z$ を代入すると，先細ノズル出口から噴出する速度 $V_e$ は，

$$V_e = \left[ \frac{2{c_0}^2}{k-1} \left\{ 1 - \left( \frac{P_z}{P_0} \right)^{\frac{k-1}{k}} \right\} \right]^{\frac{1}{2}} \tag{2・79}$$

となる．また，等エントロピー流れにおける音速 $c$ は 式（1・23）より，

$$c = \left( k \times \frac{P}{\rho} \right)^{\frac{1}{2}} = (k \times R \times T)^{\frac{1}{2}} \tag{1・23}$$

であるから，式（2・79）は次のように書き表すことができる．

$$V_e = \left[ \frac{2kRT_0}{k-1} \left\{ 1 - \left( \frac{P_z}{P_0} \right)^{\frac{k-1}{k}} \right\} \right]^{\frac{1}{2}} \tag{2・80}$$

$$V_e = \left[ \frac{2k}{k-1} \frac{P_0}{\rho_0} \left\{ 1 - \left( \frac{P_z}{P_0} \right)^{\frac{k-1}{k}} \right\} \right]^{\frac{1}{2}} \tag{2・81}$$

したがってこれら 式（2・80），式（2・81）より，先細ノズル出口から噴出する流れの**噴出速度** を求めることができる．ここで考えている流れは，ノズル外領域の圧力が臨界圧力まで下がっていない $P_z / P_0 > 0.528$ の圧力範囲での流れでノズル内流速が音速に達しない流れであるが，先細ノズルからの噴出速度 $V_e$ は，式（2・80）より貯気槽の温度 $T_0$ の増加，貯気槽の圧力 $P_0$ の増加，ノズル外領域の圧力 $P_z$ の減少によって増加する．また，圧力比とマッハ数との関係は 式（2・21）より，

$$\frac{P_0}{P}=\left(\frac{k-1}{2}M^2+1\right)^{\frac{k}{k-1}} \tag{2・21}$$

であり，したがって，

$$\left(\frac{P_0}{P}\right)^{\frac{k-1}{k}}=\frac{k-1}{2}M^2+1$$

$$\frac{k-1}{2}M^2=\left(\frac{P_0}{P}\right)^{\frac{k-1}{k}}-1$$

$$M=\left[\frac{2}{k-1}\left\{\left(\frac{P_0}{P}\right)^{\frac{k-1}{k}}-1\right\}\right]^{\frac{1}{2}} \tag{2・82}$$

である．式（2・82）に $M=M_e$，$P=P_z$ を代入すると，

$$M_e=\left[\frac{2}{k-1}\left\{\left(\frac{P_0}{P_z}\right)^{\frac{k-1}{k}}-1\right\}\right]^{\frac{1}{2}} \tag{2・83}$$

となり，この 式（2・83）より，先細ノズル出口から噴出する流れのマッハ数を求めることができる．式（2・81）の $V_e$ も，式（2・83）の $M_e$ も，$P_z$ の減少によって増加するが，$P_z$ が取ることのできる最小値はマッハ数 $M_e$ が *1* となる臨界圧力 $P_*$ をわずかに超えた値までである．

次に，先細ノズルから単位時間に流出する流れの **流出質量** $m_e$ を求める．先細ノズル出口部の流路断面積を $A_e$，同流れの密度を $\rho_e$，同流出速度を $V_e$ とすると，流出質量 $m_e$ は，流出体積流量に密度を乗じればよいから，

$$m_e=\rho_e A_e V_e \tag{2・84}$$

であり，上述のように $P_e=P_z$ であるから $\rho_e=\rho_z$ であり，したがって，

$$m_e=\rho_z A_e V_e \tag{2・85}$$

である．密度に関し，等エントロピー変化，すなわち可逆断熱変化の特性式は，式（1・

99）より，

$$\frac{P}{\rho^k} = const \tag{1・99}$$

であり，また $P_e = P_z$，$\rho_e = \rho_z$ であるから，貯気槽と先細ノズル出口部との間では，

$$\frac{P_0}{\rho_0{}^k} = \frac{P_z}{\rho_z{}^k} \tag{2・86}$$

が成立し，したがって，

$$\left(\frac{\rho_z}{\rho_0}\right)^k = \frac{P_z}{P_0}$$

$$\rho_z = \rho_0 \left(\frac{P_z}{P_0}\right)^{\frac{1}{k}} \tag{2・87}$$

であり，この式の $\rho_0$ に，状態方程式 式（1・22）を適用すると，

$$\frac{P}{\rho} = R \times T \tag{1・22}$$

であるから，

$$\frac{P_0}{\rho_0} = R \times T_0$$

したがって，式（2・87）は，

$$\rho_z = \frac{P_0}{RT_0} \left(\frac{P_z}{P_0}\right)^{\frac{1}{k}} \tag{2・88}$$

となり，流出速度はすでに 式（2・80）で導出しているので，

$$V_e = \left[\frac{2kRT_0}{k-1}\left\{1 - \left(\frac{P_z}{P_0}\right)^{\frac{k-1}{k}}\right\}\right]^{\frac{1}{2}} \tag{2・80}$$

であり，式（2・88），式（2・80）を 次の 式（2・85）に代入すると，

$$\rho_z = \frac{P_0}{RT_0}\left(\frac{P_z}{P_0}\right)^{\frac{1}{k}} \tag{2・88}$$

$$V_e = \left[\frac{2kRT_0}{k-1}\left\{1-\left(\frac{P_z}{P_0}\right)^{\frac{k-1}{k}}\right\}\right]^{\frac{1}{2}} \tag{2・80}$$

$$m_e = \rho_z A_e V_e \tag{2・85}$$

であるから,

$$m_e = \frac{P_o}{RT_o}\left(\frac{P_z}{P_0}\right)^{\frac{1}{k}} \times A_e \times \left[\frac{2kRT_0}{k-1}\left\{1-\left(\frac{P_z}{P_0}\right)^{\frac{k-1}{k}}\right\}\right]^{\frac{1}{2}}$$

であり，したがって,

$$m_e = A_e \frac{P_o}{RT_o}\left(\frac{P_z}{P_0}\right)^{\frac{1}{k}}\left[\frac{2kRT_0}{k-1}\left\{1-\left(\frac{P_z}{P_0}\right)^{\frac{k-1}{k}}\right\}\right]^{\frac{1}{2}}$$

$$= A_e P_0 \left[\frac{2k}{RT_0(k-1)}\left\{\left(\frac{P_z}{P_0}\right)^{\frac{2}{k}} - \left(\frac{P_z}{P_0}\right)^{\frac{2}{k}}\left(\frac{P_z}{P_0}\right)^{\frac{k-1}{k}}\right\}\right]^{\frac{1}{2}}$$

$$m_e = \frac{A_e P_0}{\sqrt{RT_0}}\left[\frac{2k}{k-1}\left\{\left(\frac{P_z}{P_0}\right)^{\frac{2}{k}} - \left(\frac{P_z}{P_0}\right)^{\frac{k+1}{k}}\right\}\right]^{\frac{1}{2}} \tag{2・89}$$

となる．この 式 (2・89) より，先細ノズル出口から噴出する **流出質量** を求めることができる． $P_z / P_0 > 0.528$ の圧力範囲での先細ノズルでの流れでの流出質量 $m_e$ は, 貯気槽圧力 $P_0$ の増加や, 貯気槽温度 $T_0$ およびノズル外領域の圧力 $P_z$ の減少によって増加する．この場合， $T_0$ の増加によって，流出速度 $V_e$ は 式 (2・80) より増加するが，密度 $\rho_z$ が 式（2・88）式より減少するため，結果的には $T_0$ の増加によって，流出質量 $m_e$ は減少する．

## （２）　ノズル外圧力が臨界圧力と等しい場合

図 2・7　に示す流れの（iii）の状態では，先細ノズル内出口部で流れのマッハ数が丁度 $M=1$ となる．この状態は，先細ノズル内出口部で流れが臨界状態になることであり，この臨界流れを発生する時のノズル内出口部圧力 $P_*$ は 式（2・72）より，

$$\frac{P_0}{P_*}=\left(\frac{k+1}{2}\right)^{\frac{k}{k-1}} \qquad (2\cdot72)$$

であるから，式（2・72）の $P_*$ に $P_{z3}$ を代入し，分母・分子を逆転させると指数も逆転し，

$$\frac{P_{z3}}{P_0}=\left(\frac{k+1}{2}\right)^{\frac{k-1}{k}} \qquad (2\cdot90)$$

となる．圧力が $P$ のノズル出口部における流速は，式（2・24）より

$$V=\left[\frac{2{c_0}^2}{k-1}\left\{1-\left(\frac{P}{P_0}\right)^{\frac{k-1}{k}}\right\}\right]^{\frac{1}{2}} \qquad (2\cdot24)$$

であるから，式（2・24）の $V$ に $V_{e*}$ を，また $P/P_0$ に 式（2・90）の $P_{z3}/P_0$ を代入すると，先細ノズル出口から $M=1$ で噴出する速度 $V_{e*}$ は，

$$V_{e*}=\left[\frac{2{c_0}^2}{k-1}\left\{1-\left(\left(\frac{k+1}{2}\right)^{\frac{k-1}{k}}\right)^{\frac{k-1}{k}}\right\}\right]^{\frac{1}{2}}$$

となり，右辺第２項の分母，分子を逆転すると，

$$V_{e*}=\left[\frac{2{c_0}^2}{k-1}\left\{1-\left(\left(\frac{2}{k+1}\right)^{\frac{k}{k-1}}\right)^{\frac{k-1}{k}}\right\}\right]^{\frac{1}{2}}$$

$$=\left[\frac{2{c_0}^2}{k-1}\left\{1-\left(\frac{2}{k+1}\right)\right\}\right]^{\frac{1}{2}}$$

$$=\left\{\frac{2{c_0}^2}{k-1}\left(\frac{k-1}{k+1}\right)\right\}^{\frac{1}{2}}$$

$$V_{e*}=c_0\left(\frac{2}{k+1}\right)^{\frac{1}{2}} \qquad (2・91)$$

となる．式（2・91）より，先細ノズル出口から噴出する臨界状態での流れの **噴出速度** を求めることができる．$V_{e*}$ は，貯気槽の音速 $c_0$ の増加，すなわち貯気槽温度 $T_0$ の増加によって増加する．また空気などの流れでは，比熱比 $k=1.4$ を代入すると，

$$V_{e*}=0.913c_0 \qquad (2・92)$$

となる．また，噴出する流れのマッハ数 $M_*$ は，臨界流れであるから，

$$M_*=1 \qquad (2・93)$$

である．

次に，先細ノズルから単位時間に流出する臨界流れの流出質量 $m_{e*}$ を求める．臨界状態を $_*$ 印で表わし，$P_z=P_{z3}=P_*$ とし，先に導出した 式（2・89）を使用すると，

$$m_e=\frac{A_eP_0}{\sqrt{RT_0}}\left[\frac{2k}{k-1}\left\{\left(\frac{P_z}{P_0}\right)^{\frac{2}{k}}-\left(\frac{P_z}{P_0}\right)^{\frac{k+1}{k}}\right\}\right]^{\frac{1}{2}} \qquad (2・89)$$

であるから，

$$m_{e*} = \frac{A_{e*}\ P_0}{\sqrt{RT_0}} \left[ \frac{2k}{k-1} \left\{ \left( \frac{P_*}{P_0} \right)^{\frac{2}{k}} - \left( \frac{P_*}{P_0} \right)^{\frac{k+1}{k}} \right\} \right]^{\frac{1}{2}} \qquad (2・94)$$

であり，臨界状態での圧力比は 式（2・90）より，

$$\frac{P_{z3}}{P_0} = \left( \frac{k+1}{2} \right)^{\frac{k-1}{k}} \qquad (2・90)$$

であるから， $P_{z3} = P_*$ とし，右辺の分母・分子を逆転させると指数が逆転し，

$$\frac{P_*}{P_0} = \left( \frac{2}{k+1} \right)^{\frac{k}{k-1}} \qquad (2・95)$$

となる．式（2・95）を 式（2・94）に代入すると，

$$m_{e*} = \frac{A_{e*}\ P_0}{\sqrt{RT_0}} \left[ \frac{2k}{k-1} \left\{ \left( \frac{P_*}{P_0} \right)^{\frac{2}{k}} - \left( \frac{P_*}{P_0} \right)^{\frac{k+1}{k}} \right\} \right]^{\frac{1}{2}}$$

$$= \frac{A_{e*} P_0}{\sqrt{RT_0}} \left[ \frac{2k}{k-1} \left\{ \left( \left( \frac{2}{k+1} \right)^{\frac{k}{k-1}} \right)^{\frac{2}{k}} - \left( \left( \frac{2}{k+1} \right)^{\frac{k}{k-1}} \right)^{\frac{k+1}{k}} \right\} \right]^{\frac{1}{2}}$$

$$= \frac{A_{e*} P_0}{\sqrt{RT_0}} \left[ \frac{2k}{k-1} \left\{ \left( \frac{2}{k+1} \right)^{\frac{2}{k-1}} - \left( \frac{2}{k+1} \right)^{\frac{k+1}{k-1}} \right\} \right]^{\frac{1}{2}}$$

$$= \frac{A_{e*} P_0}{\sqrt{RT_0}} \left[ \frac{2k}{k-1} \left\{ \left( \frac{2}{k+1} \right)^{\frac{k+1}{k-1} + \frac{-k+1}{k-1}} - \left( \frac{2}{k+1} \right)^{\frac{k+1}{k-1}} \right\} \right]^{\frac{1}{2}}$$

$$m_{e*} = \frac{A_{e*}P_0}{\sqrt{RT_0}} \left[ \frac{2k}{k-1}\left(\frac{2}{k+1}\right)^{\frac{k+1}{k-1}} \left\{ \left(\frac{2}{k+1}\right)^{\frac{-(k-1)}{k-1}} - 1 \right\} \right]^{\frac{1}{2}}$$

$$= \frac{A_{e*}P_0}{\sqrt{RT_0}} \left[ \frac{2k}{k-1}\left(\frac{2}{k+1}\right)^{\frac{k+1}{k-1}} \left\{ \left(\frac{2}{k+1}\right)^{-1} - 1 \right\} \right]^{\frac{1}{2}}$$

$$= \frac{A_{e*}P_0}{\sqrt{RT_0}} \left[ \frac{2k}{k-1}\left(\frac{2}{k+1}\right)^{\frac{k+1}{k-1}} \left\{ \left(\frac{k+1}{2}\right) - 1 \right\} \right]^{\frac{1}{2}}$$

$$= \frac{A_{e*}P_0}{\sqrt{RT_0}} \left[ \frac{2k}{k-1}\left(\frac{2}{k+1}\right)^{\frac{k+1}{k-1}} \left(\frac{k+1-2}{2}\right) \right]^{\frac{1}{2}}$$

$$m_{e*} = \frac{A_{e*}P_0}{\sqrt{RT_0}} \left\{ k\left(\frac{2}{k+1}\right)^{\frac{k+1}{k-1}} \right\}^{\frac{1}{2}} \qquad (2・96)$$

となる．式（2・96）より，先細ノズル出口部から噴出する臨界流れの流出質量を求めることができる．**流出質量** $m_{e*}$ は，貯気槽圧力 $P_0$ の増加や，貯気槽温度 $T_0$ の減少によって増加する．

### （３） ノズル外圧力が臨界圧力より低い場合

図 2・7 に示す（iv）の流れの状態では $P_z$ が $P_{z3}$ すなわち先細ノズル出口部で音速になる臨界圧力 $P_*$ より低くなるが，この低下した圧力が上流へ伝播する速度は音速であり先細ノズル出口部の流れの速度と同じであり，先細ノズル出口部から上流に伝播することができない．このため，先細ノズル内の流れは，（iii）の状態と同じであ

る．ただしノズル外領域の圧力は $P_*$ より低いため，流れがノズルを出ると同時にノズル先端から後述する膨張波を発生させてノズル外で膨張，加速，減圧してノズル外領域の圧力 $P_{z4}$ と釣り合うようになる．この場合，ノズル出口で発生した膨張波は，ノズルから噴出した噴流の自由境界面で反射をし，これを繰り返すため音速不足膨張流として，(iv) のような圧力分布をもって流れてゆく．**不足膨張流** とは，本来，流れを加速・減圧してゆくノズルにおいて，ノズル内出口部での圧力がノズル外領域の圧力より高い場合を言い，ノズルの機能としてノズル内での加速・減圧が不十分との意味で不足膨張流と呼ばれている．したがって，先細ノズル出口部での流れの速度は 式 (2・91) と同じであるから，

$$V_{e*} = c_0\left(\frac{2}{k+1}\right)^{\frac{1}{2}} \tag{2・91}$$

であり，この式より，ノズル外領域の圧力が臨界圧力より低い状態の先細ノズル出口での流れの **噴出速度** を求めることができる．また，ノズル内出口部で噴出する流れのマッハ数 $M_*$ は，流れが臨界流れであるから 式 (2・93) と同じであり，

$$M_* = 1 \tag{2・93}$$

である．また，先細ノズルから単位時間に流出する **流出質量** も臨界流れと同じであり，式 (2・96) が適用できるから，

$$m_{e*} = \frac{A_{e*}P_0}{\sqrt{RT_0}}\left\{k\left(\frac{2}{k+1}\right)^{\frac{k+1}{k-1}}\right\}^{\frac{1}{2}} \tag{2・96}$$

である．

## 2・4　ラバルノズルと超音速流の形成

前節で述べたように，流路面積を減少させて速度を増加させる流路によってつくり出せる流れの速度は，最大でマッハ数 $M=1$ の音速であり，音速を超えて超音速流を

形成するには，そのあとで逆に面積を拡大させて膨張，加速させる必要がある．このように断面積を縮小した後拡大させて超音速流を発生させるノズルを **ラバルノズル** という．そして，貯気槽から最も断面積を減少させて流れを音速にする部分をノズルの **のど部** という．今，図2・8 に示すように，貯気槽，ラバルノズル，ノズル外領域をもつ流路が形成されていて，ノズル外領域にはバルブが設置されており，その開度を変化させることによってノズル外領域の圧力が調整できるものとする．

・まず，バルブが閉じている状態（i）では，貯気槽，ラバルノズル，ノズル外領域は，すべて貯気槽圧力 $P_0$ で同一であり，圧力差が無いため流れは発生せずラバルノズル内気体の速度もゼロである．図 2・8 には，流路のモデル図の下に，流路の圧力分布を示しているが，圧力は $P_0$ である．

・ノズル外領域のバルブを少し開け気体を大気に放出する状態（ii）では，ノズル外領域の圧力 $P_z$ が少し低下しこの圧力低下が貯気槽まで音速で伝わり，貯気槽圧力 $P_0$ との間の圧力差によって，ラバルノズル内に流れが生じる．この場合，バルブの開度が少なくしたがって $P_z$ の低下も少なく，ラバルノズル内で発生する流れは亜音速流で，2・2 (3) 節，2・2 (6) 節で述べたように，ノズル内の面積が縮小されるに従い速度が増加するとともに圧力が低下し，その後再び断面積が増加するにしたがって速度は低下し圧力が高くなる．

・さらにノズル外領域のバルブを開けた状態（iii）では，ノズル外領域の圧力 $P_z$ が低下するとともに，ラバルノズルの最少断面積部である のど部 で $M=1$ となり流れはこの **のど部** で音速となって，ここから流路の拡大に伴って流れが膨張，加速する可能性を持つものの，ラバルノズル出口部でノズル外領域の圧力 $P_{z3}$ と釣り合うためには，のど部から流路断面積の拡大に伴って等エントロピー的に減速・増圧して $P_{z3}$ と等しくなる状態（iii）の分布をとる．ちなみに，(vii) の流れの分布を見ると，のど部からラバルノズルの流路面積拡大に伴って膨張・加速した場合，ノズル外領域圧力 $P_z$ が $P_{z7}$ になる．したがって，(iii) は，のど部で音速になり

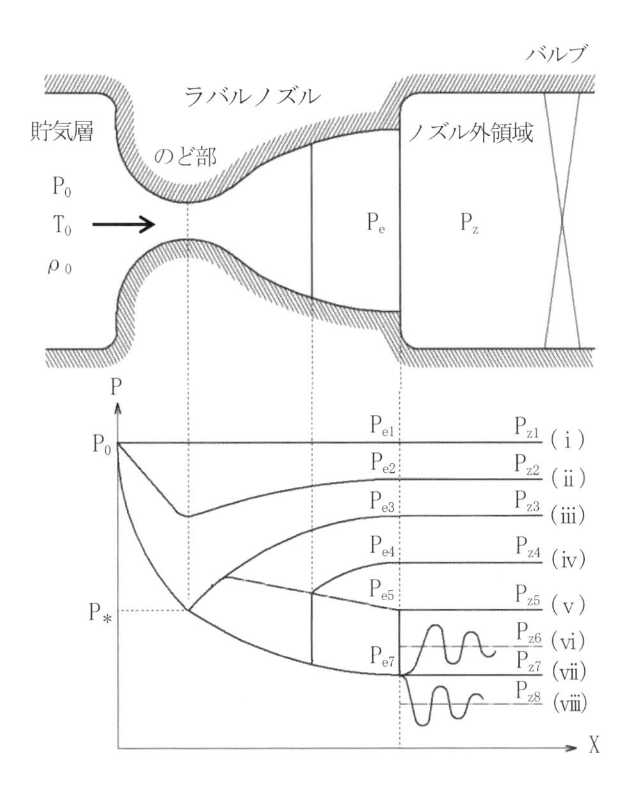


図2・8　ラバルノズルの流れ

ながらもノズル出口部でノズル外領域の圧力 $P_{z3}$ と釣り合うためには，のど部から下流の末広部で超音速となる加速・減圧の流れを形成するのではなく，亜音速に戻り減速・増圧して $P_{z3}$ にならざるを得ないのである．

・さらにノズル外領域のバルブを開けた状態（iv）では，ノズル外領域の圧力 $P_z$

さらに低下するが，この圧力はまだ のど部 より下流全体で超音速流になった場合のノズル出口部圧力 $P_{z7}$ よりも高い．したがって，流れの下流側から見ると，バルブの開度の増加により低下したノズル外領域 $P_{z4}$ は音速で末広部を上流へ伝播するが，そのまま，(vii) の曲線につながるのではなく，途中で不連続に圧力が低下して(vii) の曲線とつながる．ラバルノズルの上流から見ると，ノズルのど部で音速になったあと流れは流路の拡大とともに超音速になる．ところが，次章で説明するが，超音速の流れはなだらかに減速して増圧することはなく，超音速流が増圧するには衝撃波を伴って一気に圧力が上昇し不連続に減速する．したがって，先の不連続に圧力が変化してつながる位置に衝撃波が発生することになる．(iv) は図のように不連続に圧力が上昇する衝撃波を伴った流れとなる．また (iv) は，ラバルノズルののど部の後部で超音速琉を形成するもののノズル出口部では亜音速流のため，ノズル外領域では亜音速噴流として噴出する．

・さらにノズル外領域のバルブを開けた状態 (v) では，ノズル外領域の圧力 $P_z$ がさらに低下し，その値は垂直衝撃波後の圧力値を示す一点破線における圧力のノズル出口部後端での値と一致する．これは，垂直衝撃波が丁度，ラバルノズル出口端に発生した状態に当たる．

・さらに，ノズル外領域のバルブを開けた状態 (vi) では，ノズル外領域の圧力 $P_z$ が垂直衝撃波が存在する場合の撃波後の圧力よりも低いため，ラバルノズル出口端には垂直衝撃波は存在せずラバルノズル全領域で等エントロピー流れとして，亜音速からのど部で音速となり，そして断面積拡大部で超音速へと加速されていく．したがって，ラバルノズル出口部での圧力は (vii) と同じ圧力 $P_{e7}$ まで膨張・低下するが，この圧力は，ノズル外領域の圧力 $P_{z6}$ より低いため，流れはノズル外領域でノズル後端部から斜めに圧力波・衝撃波を発生させて増圧して $P_{z6}$ と等しくなってゆく．このとき発生する波が圧力波・衝撃波であるためこの波を介して速度は減速する．この場合，ノズル出口で発生した斜めの圧力波・衝撃波は，ノズルの噴流の自由境界面で反射を繰り返すため **超音速過膨張流** として，ノズル外領域では（vi）のような圧力分布をもって流れてゆく．**過膨張流** とは，ノズル内部出口での圧力がノズル外部圧力より低い流れを言い，その意味はノズル内での加速・減圧が過多でノズル出口部の圧力が外部領域圧力より低くなった流れという意味である．

・さらに，ノズル外領域のバルブを開けた状態では，ノズル外部圧力が低下しノズル内出口部での圧力 $P_{e7}$ と一致する．このような流れはノズル内でノズル外の圧力 $P_{z7}$ と一致する圧力まで加速・減圧させた流れとして **適正膨張流** と呼ばれ，超音速適正膨張流は（vii）の分布を持つ．

・さらに，ノズル外領域のバルブを開けるとノズル外領域の圧力が一層低下しノズル内出口部での圧力 $P_{e7}$ よりも低い $P_{z8}$ となる．しかし，ラバルノズル内は超音速流であり，音速で伝播する圧力低下の変化は，ノズル内を上流へ伝播することができず，ラバルノズル内の流れは（vii）と全く変わらない分布をもつ．ただし，ノズル外領域の圧力はノズル内出口部の圧力より低いため，ノズルを出た流れはノズル出口部から膨張波を発生させてノズル外領域で膨張，加速，減圧する．この場合，ノズル出口部で発生した膨張波は，ノズルから噴出する噴流の自由境界面で反射を繰り返すため **超音速不足膨張流** として，（viii）のような圧力分布をもって流れる．

# 第３章　超音速流れに発生する各種の波

前章のラバルノズルの節で説明したように，気体の流れは，亜音速域においては流路断面積を縮小することによって加速し，最大で音速に達するが，その後は，逆に流路断面積を拡大することによって，断面積の拡大以上に気体の膨張が行われ，さらに加速して超音速流となる．流れは圧力差によって生じるが，圧力差が伝わる速度は音速であり，したがって，流れの速度が圧力差の伝播速度以上となる超音速流においては，特有の現象が発生する．その一つが，マッハ波，膨張波，圧力波，衝撃波などの各種の波の発生である．本章では，これら，超音速流の中で発生する各種の波について説明する．

## 3・1　マッハ波

### 3・1・1　マッハ波とシュリーレン可視化装置

たとえば，図３・１ $a$ に示すごとく超音速風洞の壁面にほんのわずかな突起や異物

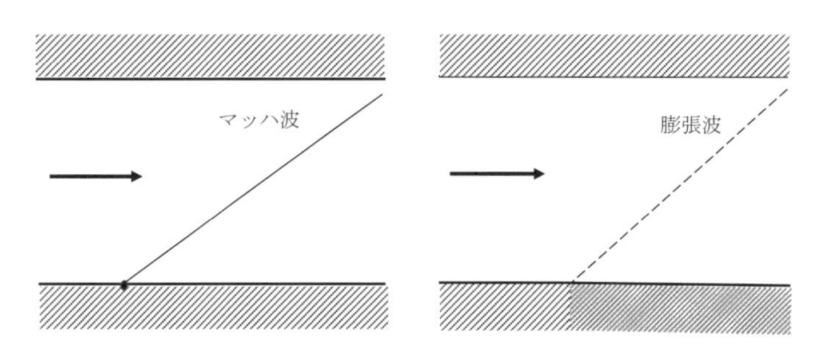


$a$．わずかな突起や異物　　　$b$．微小な流路の拡大部

図 3・1　流路壁の微小な変化から発生するマッハ波

の付着があった場合，これによるごく微小な圧力の変化は，音速で流路内に伝播する．超音速流れにおいて，ごく微小な圧力変動の伝わる範囲の境界にできる線を **マッハ線** と言うが，この線は圧力変動の伝達範囲の境界にあたるため，**マッハ波** とも呼ばれている．超音速風洞の壁面のわずかな突起，凹部，異物付着による微小な圧力の変化は音速で伝わるが，超音速風洞においてシュリーレン装置で観察すると，その伝播範囲の境界として薄い線がマッハ波として観察される．この境界の前後の圧力差はきわめて小さいため波の前後でエネルギーはほぼ同一で，波の前後での変化は可逆で **等エントロピー変化** として取り扱うことができる．マッハ波は等エントロピー的であるが，図3・1 *b* に示すような微小な圧力の減少を伝達する **膨張波** も **マッハ波** と同じように取り扱われる．

また後述する各種の波の観察・把握もそうであるが，超音速流中に発生する波を観察・把握する方法として，光学的な シャドウグラフ法，シュリーレン法，マッハ・ツェンダー干渉法 などがあるが，最も一般的に用いられているのが **シュリーレン法** である．その装置の構成を 図3・2 に示す．シュリーレン法は，気体の密度勾配による光の屈折率の変化を利用した装置で，流れの状態量の定量的な測定は難しいが，流れ場に波がどのような角度で発生しているかを容易に把握することができる．図3・2において，$A$ の光源から射出された光は $B$ のレンズによって $C$ で点光源として集光し，$D$ のレンズによって測定部で平行光線を形成し，$E$ のレンズで集光して $F$ において再び一点に集光させ，$G$ のカメラなどの撮像装置で測定部の流れ場の像を撮影する．この装置の構成でポイントとなるのは $F$ の **ナイフエッジ** と呼ばれる部分で，測定部に密度差・密度勾配があった場合，そこを通過した光は，密度勾配に応じて偏向し，$F$ で再集光させた時に，集光点からずれる．このままの状態で撮像部で観察しても，若干の濃淡は認められるものの密度変化を明確な像として捉えることはできない．ところが $F$ の再集光部に **ナイフエッジ** と呼ばれる遮蔽板を，ある方向から位置を精密に調整して設置すると，測定部の密度変化によって **ナイフエッジ** 方向に向きを偏向させた光は遮光され，撮像部

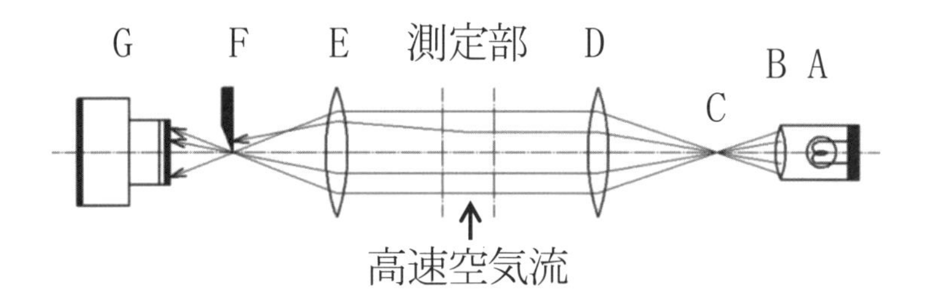


図3・2　シュリーレン装置の構成

では陰となって明確に映像化される．したがって，**ナイフエッジ** をどの方向から近づけ，集光中心点からどの位置まで遮光するかが，どのような陰影をもって空気の流れを撮影できるかの測定技術のポイントとなる．*A* の光源に以前は *18, 000 V* ほどを印荷した高電圧電極間でスパークさせる光源も用いられたが，最近は，主にキセノンランプが用いられている．

### 3・1・2　音波の伝播範囲

まず，流れの速度と，微小な圧力変化である **音の伝播する範囲** との関係について説明する．図3・3 に示すように，飛翔において全く流れの抵抗がなくまた無音で飛翔する飛翔体が，マッハ $M$ で左から右に飛翔しているとする．時刻 $t = 0\,\mathrm{sec}$ で，エンジン音を一瞬出し，さらに，時刻 $t = 1\,\mathrm{sec}$ で再びエンジン音を一瞬出すという具合に $1\,\mathrm{sec}$ ごとに瞬間時間，エンジン音を出すとする．ここで，この飛翔体のマッハ数と $1\,\mathrm{sec}$ ごとに瞬間時間出すエンジン音の伝播範囲について考える．$a$ は，飛翔体が，マッハ数 $M = 0.5$ の速度で飛翔する場合である．各時刻での飛翔体の位置は，中心線上を左から右へ移動し，記載されている数字は，時刻を表す．この時，各時刻で発した

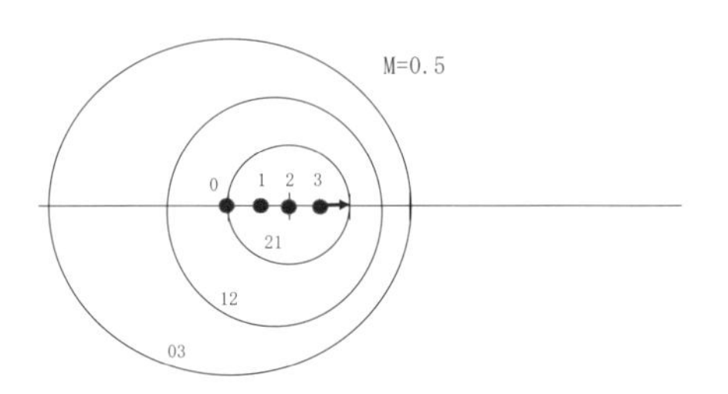


*a*．飛翔体速度　M=0.5

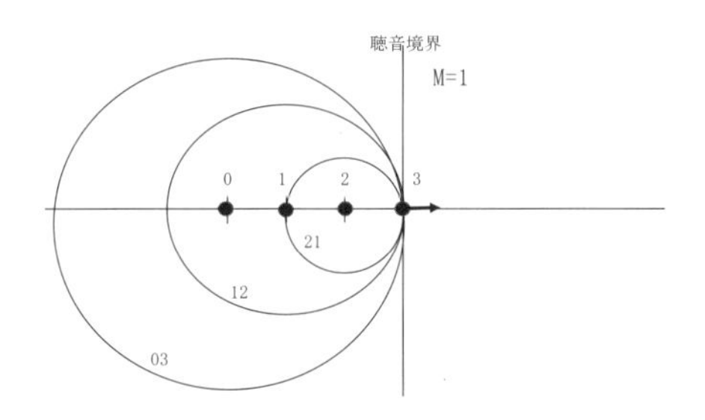


*b*．飛翔体速度　M=1

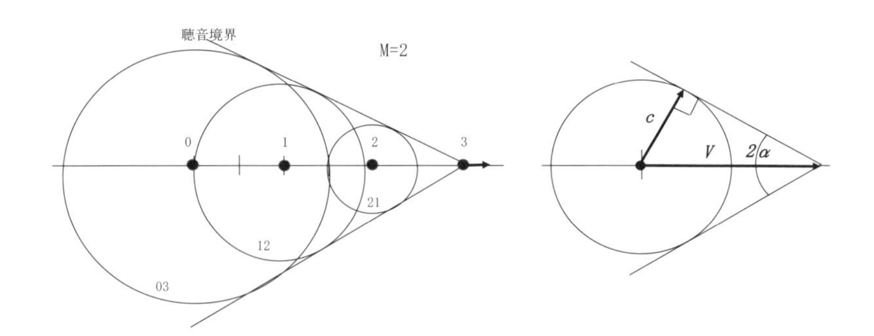


*c*．飛翔体速度　M=2

図３・３　音の伝播範囲（飛翔体位置は ● で示す）

エンジン音の伝播位置を細い線で示すが，音は周囲に伝播するので円形で示してある．また円に添え字した数字２桁は，前の数字がエンジン音を発した時刻，すなわち図においては飛翔体が信号音を発した位置を表わし，後の数字はエンジン音を発してからの経過時間を表わす．たとえば，03 とあるのは，時刻 $t=0\,\mathrm{sec}$ で発したエンジン音の $3\,\mathrm{sec}$ 後の位置を表わす．まず $a$ では，飛翔体のマッハ数は $M=0.5$ で，飛翔体の移動速度は音速より遅いため，飛翔体の出すエンジン音は絶えず飛翔体より早く，飛翔体の前方にも伝播する．したがって，もし仮に飛翔体の飛翔する方向に人がいたとすると，人は飛翔体より先にエンジン音を聞き，飛翔体の接近を知る．これが，われわれの一般的な日常生活で経験している亜音速の世界の事象である．次に $b$ の場合は，飛翔体速度が $M=1$ の場合である．各時刻で発したエンジン音は音速で伝播するが，飛翔体の速度も音速のため，各時刻で発したエンジン音は，飛翔体進行方向には飛翔体位置と同一位置で重なる．したがって飛翔体の発するエンジン音を聞くと同時に飛翔体が飛翔して来ることになり，事前に音によって飛翔体の接近を感知することはできない．次に $c$ の場合は，飛翔体速度が $M=2$ の場合である．各時刻で発したエンジン音は音速で伝播するが，飛翔体の飛翔速度がこれよりも２倍早く，したがって，飛翔体の発したエンジン音は図の円錐の範囲内にのみ伝播する．したがって，飛翔方向にいる人は，音で飛翔体の接近は感知できないし，飛翔中心方向からずれて円錐外にいる人は，音なしで飛翔体を見送ったあと，円錐の境界が到達した時にはじめてエンジン音を聞くことになる．以上は，静止気体中を飛翔する飛翔体を外部から観察したモデルであるが，観察者が飛翔体に乗って観察した場合は，飛翔体の速度で流れが右から左に流れる場合と同一となる．ここで，飛翔体の速度，すなわち流れの速度と，この飛翔体から発するエンジン音，すなわち圧力変化の伝播する範囲の関係を求める．亜音速では，流れは，圧力の伝播速度より遅いから，流れ場全体に圧力変化は伝播する．今，$c$ のモデルで，圧力の伝播範囲を考える．前述したように，飛翔体の速度すなわち流れの速度を $V$，音の伝播速度すなわち圧力の伝播速度を $c$ とし，伝播する範囲の円錐の頂角を $2\alpha$

とすると，図3・3 $c$ の右の図において，幾何学的に以下の関係になる.

$$\sin\alpha = \frac{c}{V} = \frac{1}{\frac{V}{c}} \tag{3・1}$$

ここで，$V/c$ はマッハ数を表すから，式（2・15）より，

$$M = \frac{V}{c} \tag{2・15}$$

であり，これを 式（3・1）に代入すると，

$$\sin\alpha = \frac{1}{M} \tag{3・2}$$

となり，

$$\alpha = \sin^{-1}\frac{1}{M} \tag{3・3}$$

となる．$M = 1$ の時は，$\alpha = 90°$ となって，飛翔体と同一位置で流れに直角に境界ができることを示す．また音の伝播境界の角度は，微小な圧力変化の伝播する境界を示しており，**マッハ波** の発生角度である.

### 3・1・3　圧縮波，膨張波

圧力の境界を表す波を通過することによって流れの圧力が上昇する波を **圧縮波** という. 当然のことながら, 圧縮波を通過すると圧力が増加するとともに速度は減速する. きわめて弱い圧縮波は **マッハ波**，強い圧縮波が **衝撃波** である．衝撃波のうちでも最も強い衝撃波が **垂直衝撃波** で，垂直衝撃波後の流れの速度は一気に亜音速となる．圧縮波の強い波である衝撃波には，垂直衝撃波以外に **斜め衝撃波** があり，さらに斜め衝撃波には **強い斜め衝撃波** と **弱い斜め衝撃波** がある．後述するが，弱い斜め衝撃波後の流れは，減速はするがその速度はまだ超音速で，強い斜め衝撃波後の流れは亜音速流

となる．**膨張波** は一種類のみであるが，たとえば，超音速の流れの流路においてある位置から一定の大きさの角度をもって流路が拡大する場合，大きな割合で流れは膨張・加速するが，その場合は，膨張波が流路の拡大する起点から扇状に何本も連続して発生することで大きな膨張・加速を形成することになる．

## 3・2　垂直衝撃波

### 3・2・1　衝撃波の形成

図 3・4 $a$ に示すように，一定の圧力差のある緩やかな勾配を持った圧力波が左から右に伝播する状況を考える．この圧力波は，微小な圧力差$\Delta P$の何段かの圧力変化の積み重ねとして考えると，1 段目の圧力変化は $P_2$ 中を伝播し速度は $c_1$，2 段目の圧力変化は $P_2+\Delta P$ 中を伝播し速度は $c_2$，同様に，最上部の $n$ 段目の圧力変化は $P_2+(n-1)\times\Delta P$ 中を伝播し速度は $c_n$ となる．ここでは，左が右より圧力が高く，圧力差が左から右に伝播するもので $\Delta P$ は正であり，また微小な圧力変化は等エントロピー的と考えて良いので，等エントロピー変化における圧力の伝播速度は 式（1・23）から，また圧力と温度の関係は 式（1・97）から求められ，

$$c=\left(k\times R\times T\right)^{\frac{1}{2}} \tag{1・23}$$

$$\frac{P}{T^{\frac{k}{k-1}}}=const \tag{1・97}$$

であるから，圧力の伝播速度は温度の増加に伴い増加し，温度は圧力の増加に伴い増加するので，等エントロピー変化においては，圧力の増加に伴って圧力の伝播速度は増加する．したがって，図 3・4 $b$ に示すように，時間経過とともに圧力の高い部分は低い部分にくらべて伝播速度を増し，圧力変化の傾斜角度は時間の経過とともに増して，やがて垂直となる．すなわち，圧力がきわめて急激に変化する境界を形成するが，これが衝撃波である．圧力の変化が垂直になったあとは，そのままの状態で伝播する．流れ

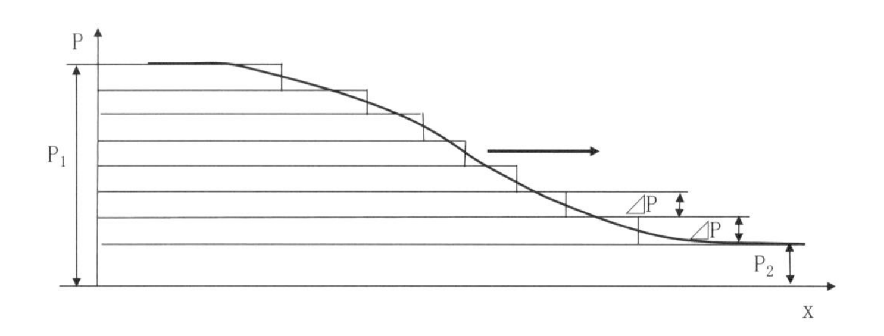


*a*．大きな圧力変化の伝播

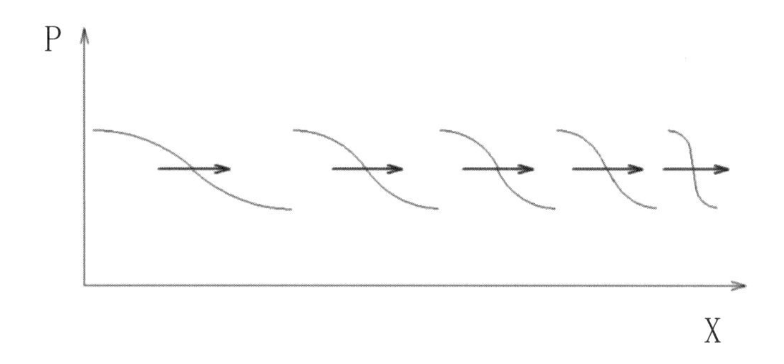


*b*．圧力変化の急峻化[1]

図3・4　衝撃波の形成

に対し垂直な向きと形で形成される衝撃波を **垂直衝撃波** という．この波を境にして圧力は急激に増加し，速度は急激に減少するが，垂直衝撃波の場合は，この波を通過することによって速度は一気に亜音速へと減速する．この衝撃波の厚みは 数百 ***nm*** か

ら数 $\mu m$ であり，この極めて薄い境界で急激に速度や温度が変化するため，非平衡な現象が起こり，衝撃波においては，外部とは熱のやり取りが無く断熱的であるが不可逆な状態となり，後述するように流れは衝撃波を通過することによってエントロピーを増加させる．

### 3・2・2　垂直衝撃波の基礎式

**垂直衝撃波** を解析するにあたって適用する基礎式について説明する．図3・5に垂直衝撃波の流れのモデル図を示す．超音速の流れが一定の断面積 $A$ の流路を左から右に流れ，流路に存在する垂直衝撃波を通過して流れるモデルを考え，垂直衝撃波前後に適用する式を考える．衝撃波の前（添え字 $_1$）から流入した流れの質量は衝撃波の後（添え字 $_2$）も同じ質量で流れるから連続の式 式（2・31）より，流路の断面積を $A$，速度を $V$，密度を $\rho$ とすると，

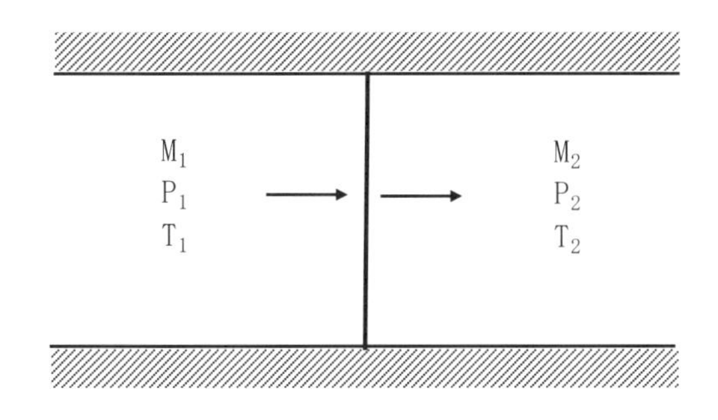


図3・5　垂直衝撃波の解析モデル図

$$\rho AV = m = const \tag{2・31}$$

より，

$$\rho_1 AV_1 = \rho_2 AV_2 \tag{3・4}$$

であり，断面積は衝撃波前後で同一であるから，

$$\rho_1 V_1 = \rho_2 V_2 \qquad (3・5)$$

となる．また，衝撃波面では非平衡な現象が起こるが，波面の前後のそれぞれの領域では平衡状態であるから状態方程式 式（1・22），

$$\frac{P}{\rho} = R \times T \qquad (1・22)$$

が適用でき，

$$\frac{P_1}{\rho_1 T_1} = \frac{P_2}{\rho_2 T_2} \qquad (3・6)$$

である．また，衝撃波前後で圧力が異なるにもかかわらず，垂直衝撃波は静止し前後でつり合いがとれているから，この圧力差による力は，1・1節 で述べたように流れの運動量変化になる．いま単位時間当たりの流れの質量を $m$ とし，1・1節 で述べた **運動量の式** を適用すると力の差は運動量の差になる．この場合，流れの向きを正とすると，正方向の力の差は，結果的に正方向の運動量の差となるから，上記の連続の式 式（2・31）を適用すると，

$$\rho A V = m = const \qquad (2・31)$$

であるから，

$$P_1 A - P_2 A = m_2 V_2 - m_1 V_1 = \rho_2 A {V_2}^2 - \rho_1 A {V_1}^2 \qquad (3・7)$$

$$P_1 + \rho_1 {V_1}^2 = P_2 + \rho_2 {V_2}^2 \qquad (3・8)$$

となる．また，流路と外部との間に熱の授受のないエネルギー式は 式（1・117）より，

$$\frac{1}{2} V^2 + \frac{k}{k-1} \frac{P}{\rho} + gz = const \qquad (1・117)$$

であるから，高さが同一の 図3・5 の流れのモデルに適用すると，

$$\frac{{V_1}^2}{2} + \frac{k}{k-1} \frac{P_1}{\rho_1} = \frac{{V_2}^2}{2} + \frac{k}{k-1} \frac{P_2}{\rho_2} \qquad (3・9)$$

となる．また貯気槽（$V_0 = 0$）と衝撃波発生前である左面との間でもこの関係が成立するから，

$$\frac{V_1{}^2}{2} + \frac{k}{k-1}\frac{P_1}{\rho_1} = \frac{k}{k-1}\frac{P_0}{\rho_0} \tag{3・10}$$

となり，次の音速の式 式（1・23）を適用すると，

$$c = \left(k \times \frac{P}{\rho}\right)^{\frac{1}{2}} \tag{1・23}$$

であるから，

$$\frac{V_1{}^2}{2} + \frac{k}{k-1}\frac{P_1}{\rho_1} = \frac{c_0{}^2}{k-1} \tag{3・11}$$

となる．貯気槽内音速 $c_0$ と臨界音速 $c_*$ との関係は 式（2・77）より

$$c_* = \left(\frac{2}{k+1}\right)^{\frac{1}{2}} c_0 \tag{2・77}$$

であり，したがって，

$$c_0{}^2 = \frac{k+1}{2} c_*{}^2 \tag{3・12}$$

となる．式（3・12）を 式（3・11）に代入するとエネルギー式は，

$$\frac{V_1{}^2}{2} + \frac{k}{k-1}\frac{P_1}{\rho_1} = \frac{k+1}{2(k-1)} c_*{}^2 \tag{3・13}$$

となる．これらが垂直衝撃波の解析に用いる基本式になるが，垂直衝撃波の特性を特徴づけているのは，**運動量の式** である．

### 3・2・3　ランキン・ユゴニオの式

3・2・2 節 の基本式を用いて解析を進めるが，式（3・5）の $\rho_1$，$\rho_2$ を，運動量

の式 式（3・8）に代入すると，

$$\rho_1 V_1 = \rho_2 V_2 \tag{3・5}$$

であるから，

$$\rho_1 = \rho_2 \frac{V_2}{V_1} \tag{3・14}$$

であり，これを 運動量の式 式（3・8）に代入すると，

$$P_1 + \rho_1 V_1{}^2 = P_2 + \rho_2 V_2{}^2 \tag{3・8}$$

$$P_1 + \rho_2 (V_1 V_2) = P_2 + \rho_2 V_2{}^2$$

$$\rho_2 (V_1 V_2 - V_2{}^2) = P_2 - P_1$$

$$V_2 (V_1 - V_2) = \frac{1}{\rho_2}(P_2 - P_1) \tag{3・15}$$

また 式（3・5）より，

$$\rho_1 V_1 = \rho_2 V_2 \tag{3・5}$$

であるから，

$$\rho_2 = \rho_1 \frac{V_1}{V_2} \tag{3・16}$$

であり，これを 同じく運動量の式 式（3・8）に代入すると，

$$P_1 + \rho_1 V_1{}^2 = P_2 + \rho_2 V_2{}^2 \tag{3・8}$$

$$P_1 + \rho_1 V_1{}^2 = P_2 + \rho_1 V_1 V_2$$

$$\rho_1 (V_1{}^2 - V_1 V_2) = P_2 - P_1$$

$$V_1 (V_1 - V_2) = \frac{1}{\rho_1}(P_2 - P_1) \tag{3・17}$$

となる．式（3・15）と 式（3・17）を加えると，

$$(V_1 - V_2)(V_1 + V_2) = (P_2 - P_1)\left(\frac{1}{\rho_1} + \frac{1}{\rho_2}\right)$$

となり，したがって，

$$V_1^{\ 2} - V_2^{\ 2} = (P_2 - P_1)\left(\frac{1}{\rho_1} + \frac{1}{\rho_2}\right) \tag{3・18}$$

となる．また流れが衝撃波を通過することによって非平衡な現象が生じるが，断熱で外部との熱の授受は無くマクロ的な意味で衝撃波の前後ではエネルギーは保存されるから 式（3・9）のエネルギー式を，衝撃波の前後に適用すると，

$$\frac{V_1^{\ 2}}{2} + \frac{k}{k-1}\frac{P_1}{\rho_1} = \frac{V_2^{\ 2}}{2} + \frac{k}{k-1}\frac{P_2}{\rho_2} \tag{3・9}$$

$$\frac{1}{2}(V_1^{\ 2} - V_2^{\ 2}) = \frac{k}{k-1}\frac{P_2}{\rho_2} - \frac{k}{k-1}\frac{P_1}{\rho_1} \tag{3・19}$$

となり，式（3・18）を 式（3・19）に代入すると，

$$\frac{1}{2}(P_2 - P_1)\left(\frac{1}{\rho_1} + \frac{1}{\rho_2}\right) = \frac{k}{k-1}\frac{P_2}{\rho_2} - \frac{k}{k-1}\frac{P_1}{\rho_1}$$

$$\frac{1}{\rho_1}\left(\frac{P_2 - P_1}{2} + \frac{kP_1}{k-1}\right) = \frac{1}{\rho_2}\left(\frac{kP_2}{k-1} - \frac{P_2 - P_1}{2}\right)$$

$$\frac{\rho_2}{\rho_1} = \frac{\dfrac{2kP_2 - (k-1)(P_2 - P_1)}{2(k-1)}}{\dfrac{(k-1)(P_2 - P_1) + 2kP_1}{2(k-1)}}$$

$$= \frac{2kP_2 - kP_2 + kP_1 + P_2 - P_1}{kP_2 - kP_1 - P_2 + P_1 + 2kP_1}$$

$$= \frac{kP_2 + kP_1 + P_2 - P_1}{kP_2 + kP_1 - P_2 + P_1}$$

$$= \frac{P_2(k+1) + P_1(k-1)}{P_2(k-1) + P_1(k+1)}$$

$$\frac{\rho_2}{\rho_1}=\frac{\dfrac{k+1}{k-1}\dfrac{P_2}{P_1}+1}{\dfrac{P_2}{P_1}+\dfrac{k+1}{k-1}} \qquad (3\cdot 20)$$

となる．式（3・20）が **垂直衝撃波前後の圧力比と密度比** の関係式である．この式は，連続の式すなわち質量保存則と，運動量の式と，エネルギー式から導出された．

また，連続の式 式（3・5）は，

$$\rho_1 V_1=\rho_2 V_2 \qquad (3\cdot 5)$$

であるから，

$$\frac{V_2}{V_1}=\frac{\rho_1}{\rho_2} \qquad (3\cdot 21)$$

であり，式（3・20）を 式（3・21）に代入すると，

$$\frac{V_2}{V_1}=\frac{\dfrac{P_2}{P_1}+\dfrac{k+1}{k-1}}{\dfrac{k+1}{k-1}\dfrac{P_2}{P_1}+1} \qquad (3\cdot 22)$$

となり，式（3・22）が **垂直衝撃波前後の圧力比と速度比** の関係式である．

また状態方程式からの 式（3・6）は，

$$\frac{P_1}{\rho_1 T_1}=\frac{P_2}{\rho_2 T_2} \qquad (3\cdot 6)$$

であるから，

$$\frac{T_2}{T_1}=\frac{\rho_1}{\rho_2}\frac{P_2}{P_1} \qquad (3\cdot 23)$$

であり，式（3・20）を 式（3・23）に代入すると，

$$\frac{T_2}{T_1}=\frac{\dfrac{P_2}{P_1}\left(\dfrac{P_2}{P_1}+\dfrac{k+1}{k-1}\right)}{\dfrac{k+1}{k-1}\dfrac{P_2}{P_1}+1} \qquad (3\cdot 24)$$

$$\frac{T_2}{T_1} = \frac{\dfrac{P_2}{P_1} + \dfrac{k+1}{k-1}}{\dfrac{k+1}{k-1} + \dfrac{P_1}{P_2}} \tag{3・25}$$

となり，式（3・25）が **垂直衝撃波の前後の圧力比と温度比** の関係式である．

式（3・20），式（3・25）が，垂直衝撃波前後の圧力比に対する密度比，温度比を表わす式で，一般に **ランキン・ユゴニオの式** と言われている．垂直衝撃波前後の圧力比変化と密度比変化，圧力比変化と温度比変化 を，等温変化，可逆断熱変化すなわち等エントロピー変化 と比較してグラフに表すと 図3・6 のごとくなる．たとえば，密度が *4* 倍 に上昇，すなわち体積が *1/4* になったとすると，等温変化では温度が一定であるから圧力は *4* 倍 となるが，等エントロピー変化では圧縮に伴う温度上昇により圧力が 約 *7* 倍 となり，垂直衝撃波後では 約 *11.5* 倍 になる．すなわちきわめて薄い厚さの中で圧力が急上昇する垂直衝撃波を通過することにより不可逆的に温度上昇が発生し，圧力が等エントロピー変化以上に上昇する．

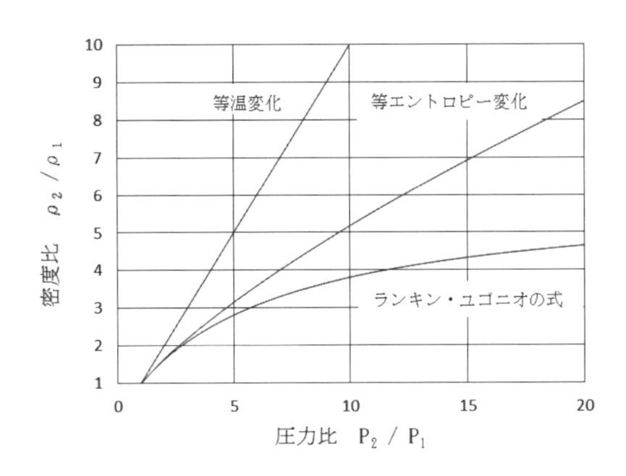


*a*. 圧力比に対する密度比の関係

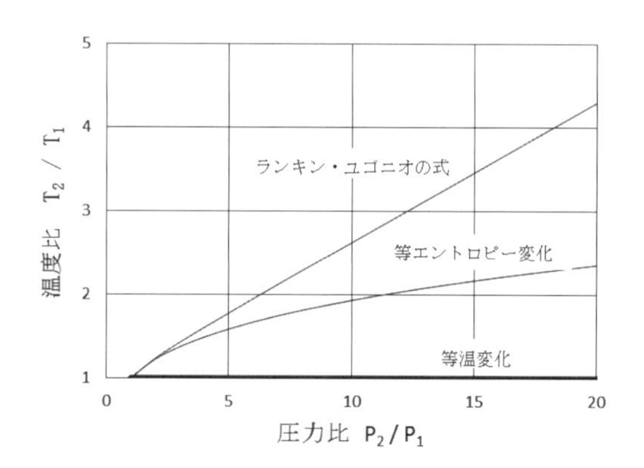


*b.* 圧力比に対する温度比の関係

図3・6　ランキン・ユゴニオの関係（垂直衝撃波前後の関係）

### 3・2・4　垂直衝撃波によるエントロピー変化

次に，垂直衝撃波によるエントロピー変化について説明する．垂直衝撃波内では，前節で見たように，不可逆的に温度上昇が起こるが，そうだとするとエントロピーは増加することになる．

エントロピーは 2・1・1節 で述べたように次の 式（1・82）で定義される．

$$ds = \frac{dq}{T} \tag{1・82}$$

また，エンタルピー変化 $dh$ は 式（1・62）に示されるごとく授受した熱量 $dq$ と圧力の変化 $vdP$ の和で表わされる．

$$dh = dq + vdP \tag{1・62}$$

ここに，$v$ は比容積である．また，状態方程式は，気体定数を $R$ とすると 式（1・30）より，

$$Pv = RT \tag{1・30}$$

であり，またエンタルピー変化と温度変化の関係は，定圧比熱を $C_p$ とすると 式（1・68）より，

$$C_p = \frac{dh}{dT} \tag{1・68}$$

である．式（1・62），式（1・30），式（1・68）を 式（1・82）に代入すると，

$$ds = \frac{dh - vdP}{T} = \frac{dh}{T} - \frac{vdP}{T} = C_p \frac{dT}{T} - R\frac{dP}{P} \tag{3・26}$$

となり，式（3・26）を，状態 1（添え字 $_1$ で表示）から状態 2（添え字 $_2$ で表示）まで積分すると，

$$\int_1^2 ds = C_p \int_1^2 \frac{1}{T} dT - R\int_1^2 \frac{1}{P} dP$$

$$[s]_1^2 = C_p [\ell nT]_1^2 - R[\ell nP]_1^2$$

$$s_2 - s_1 = C_p(\ell nT_2 - \ell nT_1) - R(\ell nP_2 - \ell nT_1)$$

$$s_2 - s_1 = C_p \ell n \frac{T_2}{T_1} - R\ell n \frac{P_2}{P_1} \tag{3・27}$$

となる．式（3・27）を導く過程では，垂直衝撃波の特性を持つ式を使用しておらず，従って 式（3・27）は一般にエントロピーを算出する式である．この式に $C_p$ と $R$ との関係式 式（1・75）と，垂直衝撃波の特性式であるランキン・ユゴニオの式 式（3・24）を代入すると，

$$C_p = \frac{k}{k-1} \times R \tag{1・75}$$

$$\frac{T_2}{T_1} = \frac{\dfrac{P_2}{P_1}\left(\dfrac{P_2}{P_1} + \dfrac{k+1}{k-1}\right)}{\dfrac{k+1}{k-1}\dfrac{P_2}{P_1} + 1} \tag{3・24}$$

であるから，

$$s_2 - s_1 = C_p \ell n \frac{T_2}{T_1} - R \ell n \frac{P_2}{P_1} \tag{3・27}$$

$$= \frac{kR}{k-1} \ell n \frac{T_2}{T_1} - R \ell n \frac{P_2}{P_1}$$

$$\frac{s_2 - s_1}{R} = \frac{k}{k-1} \ell n \frac{T_2}{T_1} - \ell n \frac{P_2}{P_1}$$

$$= \frac{k}{k-1} \ell n \left( \frac{\frac{P_2}{P_1}\left(\frac{P_2}{P_1} + \frac{k+1}{k-1}\right)}{\frac{k+1}{k-1}\frac{P_2}{P_1} + 1} \right) - \ell n \frac{P_2}{P_1}$$

$$= \ell n \left( \frac{\frac{P_2}{P_1}\left(\frac{P_2}{P_1} + \frac{k+1}{k-1}\right)}{\frac{k+1}{k-1}\frac{P_2}{P_1} + 1} \right)^{\frac{k}{k-1}} - \ell n \frac{P_2}{P_1}$$

$$= \ell n \frac{\left( \frac{\frac{P_2}{P_1}\left(\frac{P_2}{P_1} + \frac{k+1}{k-1}\right)}{\frac{k+1}{k-1}\frac{P_2}{P_1} + 1} \right)^{\frac{k}{k-1}}}{\frac{P_2}{P_1}}$$

$$= \ell n \left[ \frac{\left(\frac{P_2}{P_1}\right)^{\frac{k}{k-1}}}{\frac{P_2}{P_1}} \left( \frac{\left(\frac{P_2}{P_1} + \frac{k+1}{k-1}\right)}{\frac{k+1}{k-1}\frac{P_2}{P_1} + 1} \right)^{\frac{k}{k-1}} \right]$$

$$\frac{s_2 - s_1}{R} = \ell n \left[ \left( \frac{P_2}{P_1} \right)^{\frac{k-(k-1)}{k-1}} \left( \frac{\left( \frac{P_2}{P_1} + \frac{k+1}{k-1} \right)}{\frac{k+1}{k-1}\frac{P_2}{P_1} + 1} \right)^{\frac{k}{k-1}} \right]$$

$$\frac{s_2 - s_1}{R} = \ell n \left[ \left( \frac{P_2}{P_1} \right)^{\frac{1}{k-1}} \left( \frac{\left( \frac{P_2}{P_1} + \frac{k+1}{k-1} \right)}{\frac{k+1}{k-1}\frac{P_2}{P_1} + 1} \right)^{\frac{k}{k-1}} \right] \tag{3・28}$$

となる．式 (3・28) によって，垂直衝撃波を通過することによって変化する **エントロピー** を計算することができる．いま気体の比熱比を $k=1.4$ として計算すると，図3・7 のごとくなる．垂直衝撃波を通過した場合，$P_2/P_1>1$ であるから，垂直衝撃波を通過することによって，エントロピーは増加し，それは，$P_2/P_1$ が大きくなればなるほど，すなわち後述するが，垂直衝撃波前のマッハ数 $M_1$ が大きければ大きいほど $P_2/P_1$ は大きくなるので，$M_1$ が大きければ大きいほど垂直衝撃波後のエント

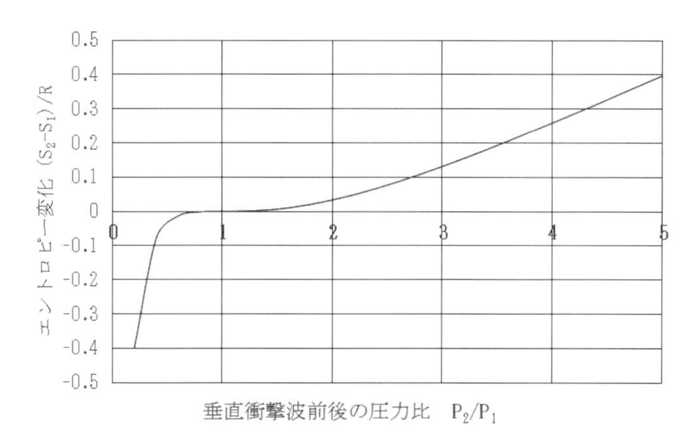


図3・7　垂直衝撃波前後の圧力比に対するエントロピー変化

ロピーの増加は大きい. 尚, 図3・7には圧力比 $P_2/P_1$ が $1$ 未満も表示されているが, 垂直衝撃波後の圧力は必ず増加するので, 圧力比 $P_2/P_1$ の $1$ 以上の値のみが有効である.

### 3・2・5　垂直衝撃波前のマッハ数と各状態量変化の関係

垂直衝撃波は超音速流れの中に発生するが, 流れのマッハ数と垂直衝撃波前後の各状態量の変化について求めてみる.

まず, 流れのマッハ数 $M_1$ に対し, 垂直衝撃波が発生した場合の垂直衝撃波後のマッハ数 $M_2$ を求める. 垂直衝撃波による状態量の変化は, 外部との熱の授受はなく断熱的であるが, 衝撃波内で不可逆的に熱の発生と散逸があり, エントロピーは増加する. が, 外部との熱の授受がないため, 流れを停止させたときの温度である全温 $T_0$ は衝撃波前後で同一であるため, 衝撃波前を添え字 $_1$, 衝撃波後を添え字 $_2$ とすると, 全温度 $T_0$ は,

$$T_{01} = T_{02} \tag{3・29}$$

である. したがって, 衝撃波の前と後のそれぞれの領域での全温度と温度との比とそれぞれのマッハ数の関係は 式 (2・16) より求められるから,

$$\frac{T_0}{T} = \frac{k-1}{2}M^2 + 1 \tag{2・16}$$

より, したがって,

$$\frac{T_2}{T_1} = \frac{\dfrac{T_{01}}{T_1}}{\dfrac{T_{02}}{T_2}} = \frac{\dfrac{k-1}{2}{M_1}^2 + 1}{\dfrac{k-1}{2}{M_2}^2 + 1} = \frac{(k-1){M_1}^2 + 2}{(k-1){M_2}^2 + 2} \tag{3・30}$$

となる. また, 状態方程式は 式 (1・22) より,

$$\frac{P}{\rho}=R\times T \tag{1・22}$$

であり，衝撃波前後の流れの質量は不変で同一であるから連続の式からの 式（3・5）より，

$$\rho_1 V_1=\rho_2 V_2 \tag{3・5}$$

である．またマッハ数は，式（2・15）より次のように定義されている．

$$M=\frac{V}{c} \tag{2・15}$$

垂直衝撃波を通過することによってエントロピーは増加し同一ではないが，衝撃波の前の領域，また後の領域のそれぞれの領域の中ではそれぞれ等エントロピー流れであるから，それぞれの領域内の音速は 次の 式（1・23）が適用できる．

$$c=\left(k\times\frac{P}{\rho}\right)^{\frac{1}{2}}=\left(k\times R\times T\right)^{\frac{1}{2}} \tag{1・23}$$

したがって，上記の状態方程式 式（1・22）を変形して垂直衝撃波前後の温度比の式をつくり，その式に連続の式 式（3・5），マッハ数定義式 式（2・15），音速の式 式（1・23）を代入すると，

$$\frac{T_2}{T_1}=\frac{P_2}{P_1}\frac{\rho_1}{\rho_2}=\frac{P_2}{P_1}\frac{V_2}{V_1}=\frac{P_2}{P_1}\frac{M_2}{M_1}\frac{c_2}{c_1}=\frac{P_2}{P_1}\frac{M_2}{M_1}\left(\frac{T_2}{T_1}\right)^{\frac{1}{2}} \tag{3・31}$$

となる．したがって，

$$\frac{P_2}{P_1}=\frac{M_1}{M_2}\left(\frac{T_2}{T_1}\right)^{\frac{1}{2}} \tag{3・32}$$

となり，式（3・30）を 式（3・32）に代入すると，

$$\frac{T_2}{T_1}=\frac{(k-1)M_1{}^2+2}{(k-1)M_2{}^2+2} \tag{3・30}$$

$$\frac{P_2}{P_1}=\frac{M_1}{M_2}\left(\frac{T_2}{T_1}\right)^{\frac{1}{2}} \tag{3・32}$$

であるから，

$$\frac{P_2}{P_1}=\frac{M_1}{M_2}\left(\frac{(k-1)M_1{}^2+2}{(k-1)M_2{}^2+2}\right)^{\frac{1}{2}} \tag{3・33}$$

となる．以上の式の展開の過程では垂直衝撃波の特性式を用いていないので，式（3・33）は等エントロピーの関係式を使った一般的な マッハ数比と圧力比 の関係式である．垂直衝撃波の特性を与える運動量の式 式（3・8）は，

$$P_1+\rho_1V_1{}^2=P_2+\rho_2V_2{}^2 \tag{3・8}$$

であり，この式の左右の第 2 項に対し，音速の式 式（1・23），マッハ数の定義式 式（2・15）を代入すると，次のように変形することができる．

$$c=\left(k\times\frac{P}{\rho}\right)^{\frac{1}{2}}=\left(k\times R\times T\right)^{\frac{1}{2}} \tag{1・23}$$

であるから，

$$\rho V^2=\frac{V^2}{\frac{kP}{\rho}}kP=\frac{V^2}{c^2}kP=M^2kP \tag{3・34}$$

となり，この 式（3・34）を 運動量の式 式（3・8）に代入すると，

$$P_1+\rho_1V_1{}^2=P_2+\rho_2V_2{}^2 \tag{3・8}$$

$$P_1+M_1{}^2kP_1=P_2+M_2{}^2kP_2$$

$$P_1(1+M_1{}^2k)=P_2(1+M_2{}^2k)$$

となり，したがって，

$$\frac{P_2}{P_1}=\frac{1+kM_1{}^2}{1+kM_2{}^2} \qquad (3・35)$$

となる．式（3・33）を 式（3・35）に代入すると,

$$\frac{P_2}{P_1}=\frac{M_1}{M_2}\left(\frac{(k-1)M_1{}^2+2}{(k-1)M_2{}^2+2}\right)^{\frac{1}{2}} \qquad (3・33)$$

であるから,

$$\frac{M_1}{M_2}\left(\frac{(k-1)M_1{}^2+2}{(k-1)M_2{}^2+2}\right)^{\frac{1}{2}}=\frac{1+kM_1{}^2}{1+kM_2{}^2} \qquad (3・36)$$

となり，式（3・36）を $M_2$ について解くと

$$M_2=M_1 \qquad (3・37)$$

および,

$$M_2{}^2=\frac{(k-1)M_1{}^2+2}{2kM_1{}^2-(k-1)} \qquad (3・38)$$

となる．式（3・37）は波の前後でマッハ数が変わらないことを示しマッハ波に相当する解であり，垂直衝撃波においては 式（3・38）が有効である．式（3・38）よりマッハ数 $M_1$ の超音速流において垂直衝撃波が発生した時，**垂直衝撃波後の流れのマッハ数** $M_2$ を算出することができ，$k=1.4$ として計算した結果を 図 3・8 に示す．$M_2$ は，いずれの $M_1$ に対しても *1* 以下で亜音速であり，超音速流は垂直衝撃波を通過することによって亜音速流となることが分かる．この時，$M_1$ が大きいほど $M_2$ は小さくなり，強力な垂直衝撃波が形成されると言える．

次に垂直衝撃波前後の温度比を求める．垂直衝撃波後のマッハ数の式 式（3・38）をマッハ数比と温度比の式 式（3・30）に代入すると,

$$M_2{}^2=\frac{(k-1)M_1{}^2+2}{2kM_1{}^2-(k-1)} \qquad (3・38)$$

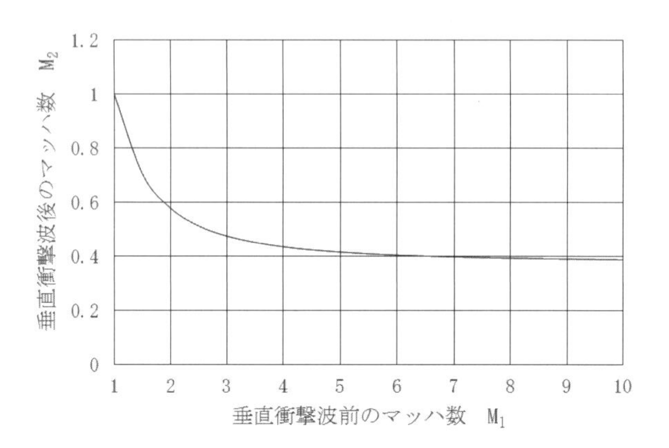


図3・8 流れのマッハ数に対する垂直衝撃波後のマッハ数

であるから,

$$\frac{T_2}{T_1}=\frac{(k-1)M_1{}^2+2}{(k-1)M_2{}^2+2} \tag{3・30}$$

$$=\frac{(k-1)M_1{}^2+2}{(k-1)\dfrac{(k-1)M_1{}^2+2}{2kM_1{}^2-(k-1)}+2}$$

$$=\frac{((k-1)M_1{}^2+2)(2kM_1{}^2-(k-1))}{(k-1)((k-1)M_1{}^2+2)+2(2kM_1{}^2-(k-1))}$$

$$=\frac{((k-1)M_1{}^2+2)(2kM_1{}^2-(k-1))}{(k-1)^2M_1{}^2+2(k-1)+4kM_1{}^2-2(k-1)}$$

$$=\frac{((k-1)M_1{}^2+2)(2kM_1{}^2-(k-1))}{((k-1)^2+4k)M_1{}^2}$$

$$\frac{T_2}{T_1}=\frac{((k-1)M_1{}^2+2)(2kM_1{}^2-(k-1))}{(k^2-2k+1+4k)M_1{}^2}$$

$$=\frac{((k-1)M_1{}^2+2)(2kM_1{}^2-(k-1))}{(k^2+2k+1)M_1{}^2}$$

$$\frac{T_2}{T_1}=\frac{((k-1)M_1{}^2+2)(2kM_1{}^2-(k-1))}{(k+1)^2M_1{}^2} \tag{3・39}$$

となる．式（3・39）より $M_1$ の超音速流において垂直衝撃波が発生した時，**垂直衝撃波前後の流れの温度比** を算出することができ，結果を 図 3・9 に示す．温度比 $T_2/T_1$ はいずれの $M_1$ に対しても 1 以上で垂直衝撃波後の温度は上昇し，$M_1$ が大きいほど $T_2/T_1$ は大きくなる．

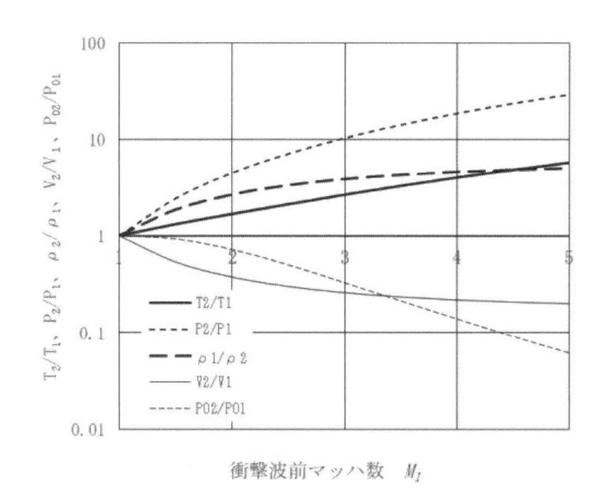


図3・9　$M_1$ に対する垂直衝撃波前後の $T_2/T_1$，$P_2/P_1$，$\rho_2/\rho_1$，$V_2/V_1$，$P_{02}/P_{01}$

次に垂直衝撃波前後の圧力比を求める．垂直衝撃波後のマッハ数の式 式（3・38）をマッハ数と圧力比 の関係式 式（3・35）に代入すると，

$$\frac{P_2}{P_1}=\frac{1+kM_1^{\ 2}}{1+kM_2^{\ 2}} \tag{3・35}$$

$$=\frac{1+kM_1^{\ 2}}{1+k\dfrac{(k-1)M_1^{\ 2}+2}{2kM_1^{\ 2}-(k-1)}}$$

$$=\frac{(1+kM_1^{\ 2})(2kM_1^{\ 2}-(k-1))}{(2kM_1^{\ 2}-(k-1))+k((k-1)M_1^{\ 2}+2)}$$

$$=\frac{(1+kM_1^{\ 2})(2kM_1^{\ 2}-(k-1))}{2kM_1^{\ 2}-k+1+k^2M_1^{\ 2}-kM_1^{\ 2}+2k}$$

$$=\frac{(1+kM_1^{\ 2})(2kM_1^{\ 2}-(k-1))}{kM_1^{\ 2}(k+1)+(k+1)}$$

$$=\frac{(1+kM_1^{\ 2})(2kM_1^{\ 2}-(k-1))}{(1+kM_1^{\ 2})(k+1)}$$

$$\frac{P_2}{P_1}=\frac{2kM_1^{\ 2}-(k-1)}{k+1} \tag{3・40}$$

となる．式 (3・40) よりマッハ数 $M_1$ の超音速流において垂直衝撃波が発生した時，**垂直衝撃波前後の流れの圧力比** を算出することができ，結果を同じく図3・9に示す．圧力比 $P_2/P_1$ はいずれの $M_1$ に対しても 1 以上で垂直衝撃波後の圧力は上昇し，$M_1$ が大きいほど $P_2/P_1$ は大きくなる．

次に垂直衝撃波前後の密度比を求める．状態方程式は 式 (1・22) より，

$$\frac{P}{\rho}=R\times T \tag{1・22}$$

であり，したがって，

$$\frac{P_1}{\rho_1T_1}=\frac{P_2}{\rho_2T_2}$$

$$\frac{\rho_2}{\rho_1}=\frac{P_2}{P_1}\frac{T_1}{T_2} \qquad (3\cdot 41)$$

となるから，マッハ数と圧力比の関係式 式 (3・40)，マッハ数と温度比の関係式 式 (3・39) を 状態方程式からの 式 (3・41) に代入すると，

$$\frac{P_2}{P_1}=\frac{2kM_1^{\ 2}-(k-1)}{k+1} \qquad (3\cdot 40)$$

$$\frac{T_2}{T_1}=\frac{((k-1)M_1^{\ 2}+2)(2kM_1^{\ 2}-(k-1))}{(k+1)^2 M_1^{\ 2}} \qquad (3\cdot 39)$$

であるから，

$$\frac{\rho_2}{\rho_1}=\frac{P_2}{P_1}\frac{T_1}{T_2} \qquad (3\cdot 41)$$

$$=\frac{2kM_1^{\ 2}-(k-1)}{k+1}\times\frac{(k+1)^2 M_1^{\ 2}}{((k-1)M_1^{\ 2}+2)(2kM_1^{\ 2}-(k-1))}$$

$$\frac{\rho_2}{\rho_1}=\frac{(k+1)M_1^{\ 2}}{(k-1)M_1^{\ 2}+2} \qquad (3\cdot 42)$$

となる．式 (3・42) よりマッハ数 $M_1$ の超音速流において垂直衝撃波が発生した時，**垂直衝撃波前後の流れの密度比** を算出することができ，結果を 同様に図 3・9 に示す．密度比 $\rho_2/\rho_1$ はいずれの $M_1$ に対しても 1 以上で垂直衝撃波後の密度は上昇し，$M_1$ が大きいほど $\rho_2/\rho_1$ は大きくなるが，その増加割合は，マッハ数の増加に従い減少し，$M=3$ 以上では，増加割合はかなり少ない．

次に垂直衝撃波前後の速度比を求める．連続の式 (3・5) より導かれる 式 (3・21) より速度比と密度比の関係は，

$$\frac{V_2}{V_1}=\frac{\rho_1}{\rho_2} \qquad (3\cdot 21)$$

であり，したがって，マッハ数と密度比の関係式 式 (3・42) を 式 (3・21) に代入す

ると，

$$\frac{V_2}{V_1}=\frac{(k-1){M_1}^2+2}{(k+1){M_1}^2} \qquad (3\cdot43)$$

となる．式（3・43）よりマッハ数 $M_1$ の超音速流において垂直衝撃波が発生した時，**垂直衝撃波前後の流れの速度比** を算出することができ，結果を 図3・9 に示す．速度比 $V_2/V_1$ はいずれの $M_1$ に対しても1以下で垂直衝撃波後の速度は減少する．

次に垂直衝撃波を通過することによって増加するエントロピーを垂直衝撃波前のマッハ数を変数として計算する．図3・7 では，垂直衝撃波前後の圧力比に対するエントロピー変化を示したが，ここでは，垂直衝撃波前のマッハ数に対する垂直衝撃波を通過してのエントロピー変化を計算する．垂直衝撃波を通過することによって変化するエントロピーは $P_2/P_1$ を変数として 式（3・28）から，また超音速流のマッハ数 $M_1$ と $P_2/P_1$ 関係は 式（3・40）から求められるから，

$$\frac{s_2-s_1}{R}=\ell n\left[\left(\frac{P_2}{P_1}\right)^{\frac{1}{k-1}}\left(\frac{\frac{P_2}{P_1}\left(\frac{P_2}{P_1}+\frac{k+1}{k-1}\right)}{\frac{k+1}{k-1}\frac{P_2}{P_1}+1}\right)^{\frac{k}{k-1}}\right] \qquad (3\cdot28)$$

$$\frac{P_2}{P_1}=\frac{2k{M_1}^2-(k-1)}{k+1} \qquad (3\cdot40)$$

であり，式（3・40）を 式（3・28）に代入すると，

$$\frac{s_2-s_1}{R}=\ell n\left(\frac{P_2}{P_1}\right)^{\frac{1}{k-1}}+\ell n\left(\frac{\frac{P_2}{P_1}\left(\frac{P_2}{P_1}+\frac{k+1}{k-1}\right)}{\frac{k+1}{k-1}\frac{P_2}{P_1}+1}\right)^{\frac{k}{k-1}}$$

$$\frac{s_2 - s_1}{R} = \frac{1}{k-1}\ell n\left(\frac{2kM_1^{\ 2} - (k-1)}{k+1}\right) + \frac{k}{k-1}\ell n\left(\frac{(k-1)M_1^{\ 2} + 2}{(k+1)M_1^{\ 2}}\right) \qquad (3・44)$$

となる．式（3・44）よりマッハ数 $M_1$ の超音速流において垂直衝撃波が発生した時，垂直衝撃波を通過することによる **エントロピーの増加量** を算出することができるが，結果を 図3・10 に示す．先に見たように垂直衝撃波を通過することによってエントロピーは増加し，$M_1$ が大きいほどその増加量は大きい．

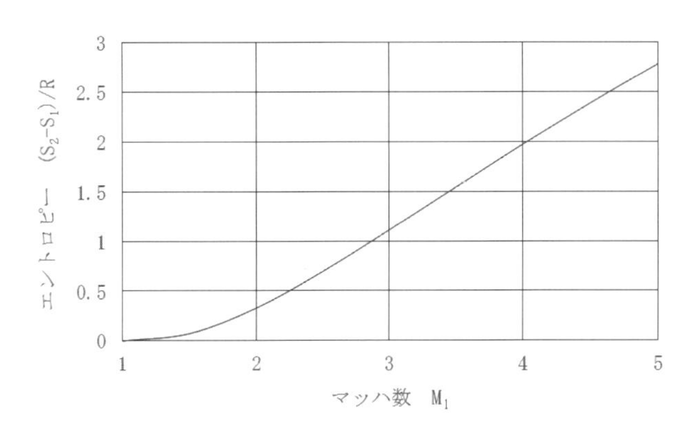


図3・10 $M_1$ に対する垂直衝撃波前後のエントロピー変化

次に垂直衝撃波を通過することによって全圧がどのように変化するかを計算する．流れの任意の場所での淀み点エントロピー $s_0$ はその場所でのエントロピー $s$ と同じであり，また流路の外部とは熱のやり取りのない断熱流れであるから全温度 $T_0$ は衝撃波を通過しても等しい．したがって，

$$s_{02} - s_{01} = s_2 - s_1 \qquad (3・45)$$

であり，また一般的なエントロピーの変化量の算出式は 式（3・27）より，

$$s_2 - s_1 = C_p \ell n \frac{T_2}{T_1} - R \ell n \frac{P_2}{P_1} \qquad (3・27)$$

である．したがって淀み点エントロピーを，この式に準じて算出するとともに，断熱流れのため全温度一定の条件を入れると，

$$s_{02} - s_{01} = C_p \ell n \frac{T_{02}}{T_{01}} - R \ell n \frac{P_{02}}{P_{01}} = C_p \ell n 1 - R \ell n \frac{P_{02}}{P_{01}} = -R \ell n \frac{P_{02}}{P_{01}} \qquad (3・46)$$

となる．式（3・45）より $s_{02} - s_{01} = s_2 - s_1$ であるため，垂直衝撃波によるエントロピーの増加量の算出式 式（3・44）に 式（3・46）を代入すると，

$$\frac{s_2 - s_1}{R} = \frac{1}{k-1} \ell n \left( \frac{2kM_1{}^2 - (k-1)}{k+1} \right) + \frac{k}{k-1} \ell n \left( \frac{(k-1)M_1{}^2 + 2}{(k+1)M_1{}^2} \right) \qquad (3・44)$$

$$\frac{s_{02} \quad s_{01}}{R} = \frac{1}{k-1} \ell n \left( \frac{2kM_1{}^2 - (k-1)}{k+1} \right) + \frac{k}{k-1} \ell n \left( \frac{(k-1)M_1{}^2 + 2}{(k+1)M_1{}^2} \right)$$

$$-\ell n \frac{P_{02}}{P_{01}} = \frac{1}{k-1} \ell n \left( \frac{2kM_1{}^2 - (k-1)}{k+1} \right) + \frac{k}{k-1} \ell n \left( \frac{(k-1)M_1{}^2 + 2}{(k+1)M_1{}^2} \right)$$

$$\ell n \frac{P_{02}}{P_{01}} = -\frac{1}{k-1} \ell n \left( \frac{2kM_1{}^2 - (k-1)}{k+1} \right) - \frac{k}{k-1} \ell n \left( \frac{(k-1)M_1{}^2 + 2}{(k+1)M_1{}^2} \right)$$

$$= \ell n \left( \frac{2kM_1{}^2 - (k-1)}{k+1} \right)^{-\frac{1}{k-1}} + \ell n \left( \frac{(k-1)M_1{}^2 + 2}{(k+1)M_1{}^2} \right)^{-\frac{k}{k-1}}$$

$$= \ell n \left( \frac{k+1}{2kM_1{}^2 - (k-1)} \right)^{\frac{1}{k-1}} + \ell n \left( \frac{(k+1)M_1{}^2}{(k-1)M_1{}^2 + 2} \right)^{\frac{k}{k-1}}$$

$$= \ell n \left[ \left( \frac{k+1}{2kM_1{}^2 - (k-1)} \right)^{\frac{1}{k-1}} \left( \frac{(k+1)M_1{}^2}{(k-1)M_1{}^2 + 2} \right)^{\frac{k}{k-1}} \right]$$

したがって，

$$\frac{P_{02}}{P_{01}}=\left(\frac{k+1}{2kM_1^{\ 2}-(k-1)}\right)^{\frac{1}{k-1}}\left(\frac{(k+1)M_1^{\ 2}}{(k-1)M_1^{\ 2}+2}\right)^{\frac{k}{k-1}} \tag{3・47}$$

となる．式（3・47）よりマッハ数 $M_1$ の超音速流において垂直衝撃波が発生した時，**垂直衝撃波前後の流れの全圧比** を算出することができるが，結果を 図 3・9 に示す．垂直衝撃波を通過することによって全圧は減少する．すなわち，垂直衝撃波では，きわめて薄い波面の中で急激な圧力上昇が発生し非平衡な現象が発生してエントロピーが増加するが，これは，粘性摩擦による全圧の減少と熱の発生と同じように，全圧を減少させてエントロピーが増加している．

### 3・2・6　λ波と疑似衝撃波

前節で，きわめて薄い衝撃波面を通過することによって圧力が急激に増加し，速度が一気に亜音速に減速することを述べたが，実際の気体には粘性があり，流れの流路壁面近くでは粘性によって流れの中央主流部に対し速度が減少する **境界層** が存在する．この境界層と垂直衝撃波が相互に作用し合って **疑似衝撃波** を形成する場合が多い．すなわち，図3・11 に示すように，衝撃波が存在することによって壁面で **境界層が増厚** したり，または **剥離** すると，その部分で流れの向きが変わり，3・3・1 節で説明するが，

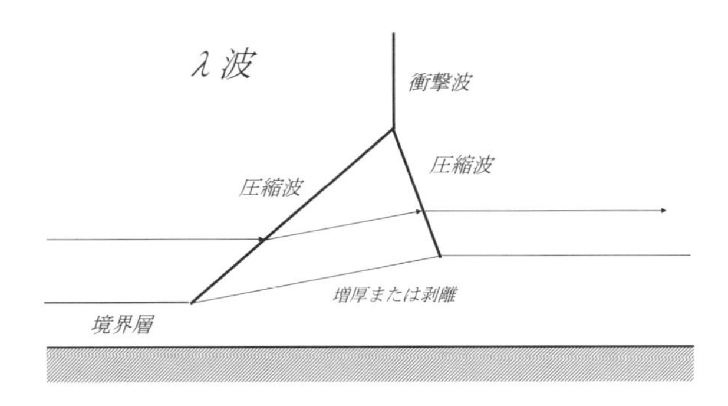


図3・11　λ波

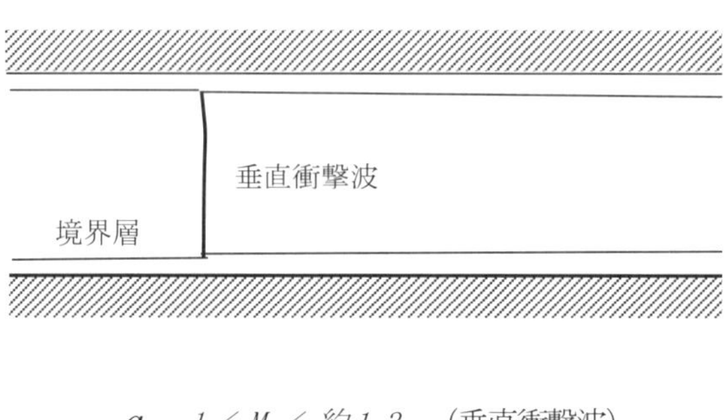


a.　$1 < M_1 <$ 約 $1.3$　(垂直衝撃波)

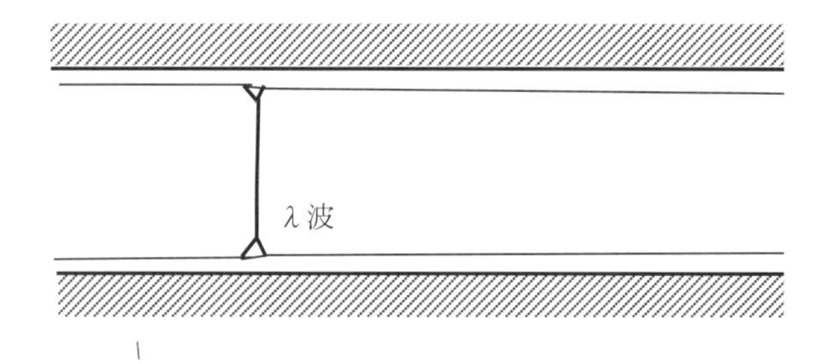


b.　約 $1.3 < M_1 <$ 約 $1.5$　(λ 波)

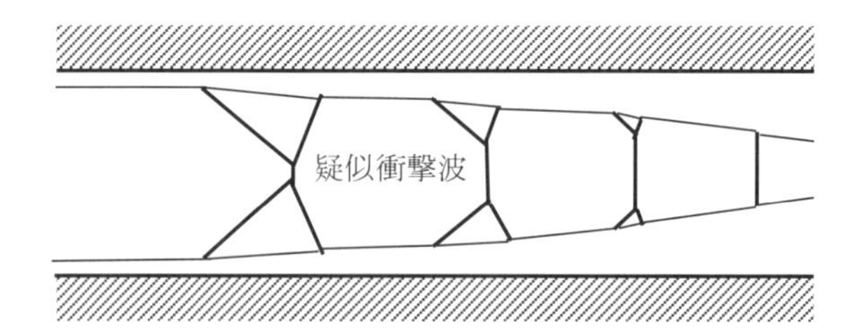


c.　約 $1.5 < M_1$ (疑似衝撃波)

図3・12　垂直衝撃波と境界層の干渉[3]

圧縮波を形成する．境界層の増厚や剥離によって，一旦部分的に流れの向きを変えた流れがその後，垂直衝撃波を通過した中央主流と同じ向きで流れるには，境界層の増厚によって発生する圧縮波と垂直衝撃波とさらにもう 1 本の圧縮波により，図 3・11 に示すように，壁面近くで **$\lambda$ 形状の波** を構成する必要がある．すなわち，境界層の増厚や剥離によって流れの向きを主流側に変える波は圧縮波であるが，これによって向きを変えた部分的な流れを中心部主流と同じ向きにする第 2 の波も圧縮波である．この 2 本の圧縮波と垂直衝撃波とが形成する壁面近くの波の形状が，文字の $\lambda$ に似ていることから **$\lambda$ 波** と呼ばれている．

超音速流れのマッハ数 $M_1$ に対する **垂直衝撃波と境界層の干渉** 状況を 図 3・12 に示す（但し，境界層外端の不規則性やそこから発生する膨張波の図示は省略した）．$a$ は，$1 < M_1 <$ 約1.3 の場合の垂直衝撃波の状況を表すが，$M_1$ が低いため垂直衝撃波が弱く，境界層の剥離は発生しない．そのため，衝撃波は流路壁面を除いてほぼ垂直である．$b$ は，約$1.3 < M_1 <$ 約$1.5$ の場合で，衝撃波後の圧力増加によって壁面の **境界層に剥離** が生じ，部分的にこの部分の流れの向きが流路内側に向くために圧縮波を発生し，いわゆる **$\lambda$ 波** を発生する．$c$ は，約 $1.5 < M_1$ の場合で，$M_1$ の増加により **$\lambda$ 波** の進展が流路中央付近まで進んで行く．この場合，流れに対し衝撃波は垂直でなく角度を持ちこの波の後の流れも，マッハ数は減少するものの超音速流で，この後の流れでも衝撃波が発生し，これらのひと続きの衝撃波群によってマッハ数を減少させて亜音速流へと減速する．これらひと続きの衝撃波群をもって 1 本の垂直衝撃波と同じ増圧・減速の役割を持つため，これらの衝撃波群を **疑似衝撃波** という．図から明らかなように，衝撃波を通過した後もマッハ数は減少するが超音速であるような衝撃波は，波の角度が流れに対して傾斜した形状を持つがこれは後述するように，**弱い斜め衝撃波** である．

## 3・3　斜め衝撃波

3・2 節では，超音速の流れに対しその波面が直角に形成され，その衝撃波を通過することによって流れの速度が一気に亜音速へ減速する垂直衝撃波について述べたが，この節では，超音速で飛翔する飛翔体の鋭利な角度をもつ先端や，くさび形形状をした物体の先端や，流路を狭める方向に角度を持つ壁面の傾斜始点から発生する衝撃波で，流れに対し波面が垂直でなく斜めである衝撃波について説明する．3・2・6 節 で垂直衝撃波と境界層が互いに干渉することによって形成される疑似衝撃波について述べたが，そこで形成される圧縮波も斜め衝撃波である．垂直衝撃波後の流れのマッハ数は，一気に亜音速まで減速したが，斜め衝撃波後は，衝撃波後の下流の背圧の程度により，**弱い斜め衝撃波** か，**強い斜め衝撃波** のいずれかが形成されるが，**弱い斜め衝撃波** 後の流れのマッハ数は，減速はするものの依然として超音速であり，**強い斜め衝撃波** 後の流れのマッハ数は亜音速まで減速する．実際に測定部でこの2種類のどちらの衝撃波が発生したかは，衝撃波前のマッハ数と衝撃波の角度から区別できるので，衝撃波の角度が把握できれば，判別することができる．

### 3・3・1　斜め衝撃波の流れの基本的な特性

図3・13 に超音速の流れの中に置かれたくさび形物体の先端から斜め衝撃波が発生している状態のモデル図を示す．流れの速度は $V$，マッハ数は $M$ で，くさび形物体は流れに対し中心線が平行に置かれていて，くさびの先端の角度は，開き角 $2\theta$ で片側 $\theta$ とし，これによって発生する斜め衝撃波の角度を $\alpha$ とする．また斜め衝撃波前の状態を添え字 $_1$，衝撃波後の状態を添え字 $_2$ で表わす．斜め衝撃波が発生している流れ場では，次の性質がある．第一は，超音速流の中に，もし部分的に圧力の異なる部分があるとすると，必ずそこから圧縮波や膨張波が発生するため，もし流れ場に，斜め衝撃波しか発生していない流れ場では，波面の前は前ですべて状態量が一様，波面の後は後ですべて一様という状態であり，それぞれの領域内では状態量が同一であるから流線はすべて等間隔となり，それは流線が壁面に対し平行となることを意味する．第二は

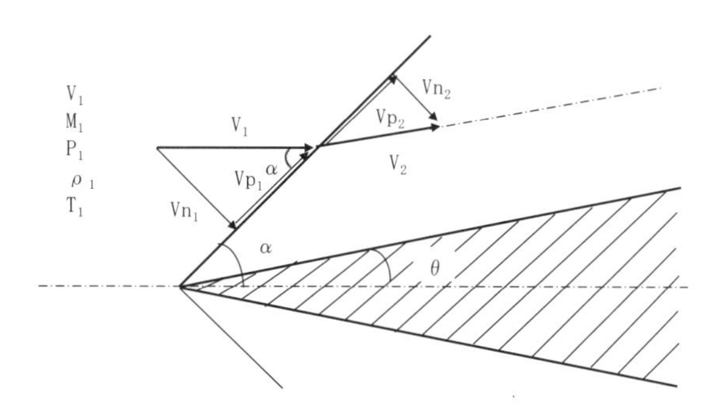


図3・13　斜め衝撃波の解析モデル図

斜め衝撃波では，波面に垂直な方向の速度成分は変化するが，波面に平行な方向の速度成分は変化しない．したがって，波面に垂直な方向の成分を添え字 $n$，波面に平行な方向の成分を添え字 $p$ で表わすと，

$$V_{p1} = V_{p2} \tag{3・48}$$

であると共に，図3・13 に示すように幾何学的に次の関係が成立する．

$$V_{n1} = V_1 \sin\alpha \tag{3・49}$$

$$V_{n2} = V_2 \sin(\alpha - \theta) \tag{3・50}$$

波面前後では，それぞれの領域内で流れは一様であるから音速もそれぞれの領域内では一定であり，したがって 式（3・49），式（3・50）を衝撃波前後の音速で割ると，

$$\frac{V_{n1}}{c_1} = \frac{V_1}{c_1}\sin\alpha$$

$$\frac{V_{n2}}{c_2} = \frac{V_2}{c_2}\sin(\alpha - \theta)$$

であるから，

$$M_{n1} = M_1 \sin\alpha \tag{3・51}$$

$$M_{n2} = M_2 \sin(\alpha - \theta) \tag{3・52}$$

となる．すなわち，斜め衝撃波は，$V_{n1}$ の速度をもつ超音速流が 垂直衝撃波 によって $V_{n2}$ の速度をもつ流れに変化した状態と等しいと考えることができる．

### 3・3・2　斜め衝撃波前後の状態量変化

具体的に，斜め衝撃波前後の諸状態量の変化を算出する式を導く．基本的には，前節でみたように，斜め衝撃波前の流れの波面に垂直な方向の成分速度が垂直衝撃波によって，斜め衝撃波後の流れの波面に垂直な方向の成分速度になったと考えれば良いから，3・2・5 節 の垂直衝撃波に関する各式の $V_1$，$M_1$ に，$V_{n1}$，$M_{n1}$ を，すなわち斜め衝撃波モデルの 図3・13 の $V_1 \sin\alpha$，$M_1 \sin\alpha$ を，また，垂直衝撃波の各式の $V_2$，$M_2$ に $V_{n2}$，$M_{n2}$ を，すなわち斜め衝撃波モデル図の $V_2 \sin(\alpha-\theta)$，$M_2 \sin(\alpha-\theta)$ を入れ替えれば良い．まず，垂直衝撃波前のマッハ数 $M_1$ に対する垂直衝撃波後のマッハ数 $M_2$ は 式 (3・38) より，

$${M_2}^2 = \frac{(k-1){M_1}^2 + 2}{2k{M_1}^2 - (k-1)} \tag{3・38}$$

で求められるから，斜め衝撃波の場合は，

$$(M_2 \sin(\alpha-\theta))^2 = \frac{(k-1)(M_1 \sin\alpha)^2 + 2}{2k(M_1 \sin\alpha)^2 - (k-1)} \tag{3・53}$$

となり，式 (3・53) より，斜め衝撃波前のマッハ数 $M_1$ と偏向角 $\theta$，斜め衝撃波角度 $\alpha$ から **斜め衝撃波後のマッハ数** $M_2$ を求めることができる．

次に斜め衝撃波前後の温度比を求める．垂直衝撃波前の温度 $T_1$ に対する垂直衝撃波後の温度 $T_2$ は $M_1$ を変数として 式 (3・39) より，

$$\frac{T_2}{T_1} = \frac{((k-1){M_1}^2 + 2)(2k{M_1}^2 - (k-1))}{(k+1)^2 {M_1}^2} \tag{3・39}$$

で求められるから，斜め衝撃波の場合は，

$$\frac{T_2}{T_1}=\frac{((k-1)(M_1\sin\alpha)^2+2)(2k(M_1\sin\alpha)^2-(k-1))}{(k+1)^2(M_1\sin\alpha)^2} \quad (3\cdot54)$$

となり，式（3・54）より斜め衝撃波前のマッハ数 $M_1$ と斜め衝撃波角度 $\alpha$ から**斜め衝撃波前後の温度比** $T_2/T_1$ を求めることができる．

次に斜め衝撃波前後の 圧力比 を求める．垂直衝撃波前の圧力 $P_1$ に対する垂直衝撃波後の圧力 $P_2$ は $M_1$ を変数として 式（3・40）より，

$$\frac{P_2}{P_1}=\frac{2kM_1^{\ 2}-(k-1)}{k+1} \quad (3\cdot40)$$

で求められるから，斜め衝撃波の場合は，

$$\frac{P_2}{P_1}=\frac{2k(M_1\sin\alpha)^2-(k-1)}{k+1} \quad (3\cdot55)$$

となり，式（3・55）より斜め衝撃波前のマッハ数 $M_1$ と斜め衝撃波角度 $\alpha$ から**斜め衝撃波前後の圧力比** $P_2/P_1$ を求めることができる．

次に斜め衝撃波前後の密度比を求める．垂直衝撃波前の密度 $\rho_1$ に対する垂直衝撃波後の密度 $\rho_2$ は $M_1$ を変数として 式（3・42）より，

$$\frac{\rho_2}{\rho_1}=\frac{(k+1)M_1^{\ 2}}{(k-1)M_1^{\ 2}+2} \quad (3\cdot42)$$

で求められるから，斜め衝撃波の場合は，

$$\frac{\rho_2}{\rho_1}=\frac{(k+1)(M_1\sin\alpha)^2}{(k-1)(M_1\sin\alpha)^2+2} \quad (3\cdot56)$$

となり，式（3・56）より斜め衝撃波前のマッハ数 $M_1$ と斜め衝撃波角度 $\alpha$ から**斜め衝撃波前後の密度比** $\rho_2/\rho_1$ を求めることができる．

次に斜め衝撃波前後の速度比を求める．垂直衝撃波前の速度 $V_1$ に対する垂直衝撃波後の速度 $V_2$ は $M_1$ を変数として 式（3・43）より，

$$\frac{V_2}{V_1}=\frac{(k-1)M_1{}^2+2}{(k+1)M_1{}^2} \qquad (3\cdot 43)$$

で求められるから，斜め衝撃波の場合は，

$$\frac{V_{n2}}{V_{n1}}=\frac{(k-1)(M_1\sin\alpha)^2+2}{(k+1)(M_1\sin\alpha)^2} \qquad (3\cdot 57)$$

となり，式（3・57）より斜め衝撃波前のマッハ数 $M_1$ と斜め衝撃波角度 $\alpha$ から**斜め衝撃波前後の速度比** $V_{n2}/V_{n1}$ を求めることができる．

### 3・3・3　偏向角度と衝撃波角度との関係

次に，流れの偏向角 $\theta$ と斜め衝撃波角 $\alpha$ の関係を求める．連続の式より導かれる速度比と密度比の関係は 式（3・21）より，

$$\frac{V_2}{V_1}=\frac{\rho_1}{\rho_2} \qquad (3\cdot 21)$$

であるから，斜め衝撃波に適用すると，

$$\frac{V_{n2}}{V_{n1}}=\frac{\rho_1}{\rho_2} \qquad (3\cdot 58)$$

であり，また 図3・13 の流れのモデル図 から幾何学的に，

$$\frac{V_{n2}}{V_{n1}}=\frac{V_{p2}\tan(\alpha-\theta)}{V_{p1}\tan\alpha}=\frac{\tan(\alpha-\theta)}{\tan\alpha} \qquad (3\cdot 59)$$

となる．したがって，式（3・59）および マッハ数と密度比の関係式 式（3・56）を 連続の式からの 式（3・58）に代入すると，

$$\frac{\rho_2}{\rho_1}=\frac{(k+1)(M_1\sin\alpha)^2}{(k-1)(M_1\sin\alpha)^2+2} \qquad (3\cdot 56)$$

であるから，

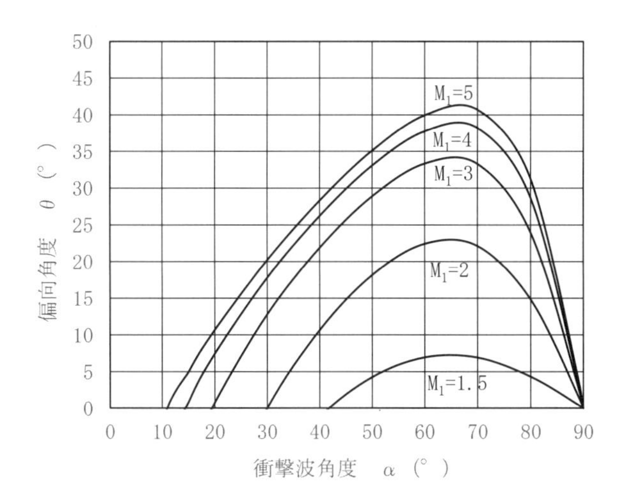


図3・14　斜め衝撃波前のマッハ数に対する偏向角度と衝撃波角度

$$\frac{V_{n2}}{V_{n1}}=\frac{\rho_1}{\rho_2} \tag{3・58}$$

$$\frac{\tan(\alpha-\theta)}{\tan\alpha}=\frac{(k-1)(M_1\sin\alpha)^2+2}{(k+1)(M_1\sin\alpha)^2} \tag{3・60}$$

となり，この式を変形すると，

$$\tan\theta=\frac{2\cot\alpha(M_1{}^2\sin^2\alpha-1)}{M_1{}^2(k+\cos2\alpha)+2} \tag{3・61}$$

となる．式（3・61）から流れの **マッハ数 $M_1$ に対する偏向角 $\theta$ と衝撃波角 $\alpha$** を算出することができる．算出結果をグラフに表すと 図3・14 のごとくになる．

### 3・3・4　強い斜め衝撃波と弱い斜め衝撃波，離脱衝撃波

図3・14 において，偏向角 $\theta$ すなわち，例えばくさび形のモデルであれば，その

先端の角度 $2\theta$ に対し，斜め衝撃波の角度 $\alpha$ をみると，流れのマッハ数 $M_1$ に対し **最大の偏向角** $\theta_{max}$ が存在し，この偏向角以上では，衝撃波角 $\alpha$ が存在しないことが分かる．たとえば $M_1 = 2$ の時，$\theta$ が 約$23°$ 以上では，$\alpha$ が存在しない．これは，衝撃波が存在しないということではなく，あくまでもくさび形先端の偏向始点と斜め衝撃波発生始点とが一致した状態で衝撃波が発生しないことを意味し，$\theta_{max}$ 以上の偏向となるモデルでは，偏向角による抵抗が大き過ぎ，図 3・15 に示すように先端から離れた上流側に，強い衝撃波が湾曲した形で発生する．これを，**離脱衝撃波** と

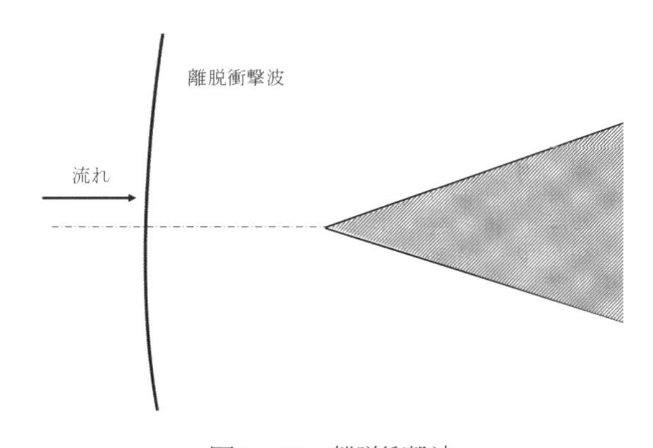


図3・15　離脱衝撃波

いう．さらに 図3・14を見ると，グラフは $\theta_{max}$ 以下での偏向角 $\theta$ に対する衝撃波角 $\alpha$ に，2つの解があることを示している．すなわち，$M_1 = 2$ の時に偏向角 $\theta = 10°$ では，$\alpha$ が 約$40°$ と 約$83°$ と二つの衝撃波角がある．一つの偏向角に対し同時に2本の衝撃波が発生することはなく，どちらかが発生することになる．大きな $\alpha$ の斜め衝撃波は **強い衝撃波**，小さな $\alpha$ の斜め衝撃波は **弱い衝撃波**であり，このどちらが発生するかは，流路に置かれたモデルに対する流路の幅や，測定部下流の背圧の程度による．たとえば，測定部の下流の背圧の大小で 図3・16 に示すように衝

撃波の角度や形状，衝撃波後の流れのマッハ数が異なる．図 3・14 において偏向角が $0°$ の場合，すなわち，衝撃波面を通過しても流れの角度が変わらない流れの場合も，2 つの衝撃波角があり, 1 つは, すべてのマッハ数で同じ $90°$ となっているが, これは **垂直衝撃波** を意味し，一方もう一つの小さいほうの $\alpha$ は，その角度を持った波が発生するものの流れの向きが変わらない状態で，これは **マッハ波** を表している．マッハ波の角度は流れのマッハ数 $M_1$ にのみ依存し，先述したように 式（3・3）で表すことができる．

$$\alpha = \sin^{-1}\frac{1}{M_1} \tag{3・3}$$

なお **離脱衝撃波** は，強い斜め衝撃波以上の状態量の変化をもたらし，垂直衝撃波として解析される．

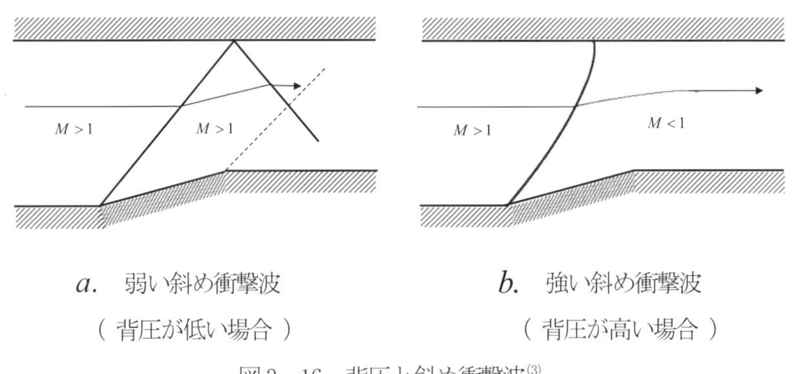


*a.*　弱い斜め衝撃波
（ 背圧が低い場合 ）

*b.*　強い斜め衝撃波
（ 背圧が高い場合 ）

図 3・16　背圧と斜め衝撃波[3]

## 3・4　ピトー管によるマッハ数の測定

超音速流の中に物体を置くと，必ず衝撃波が発生する．超音速流のマッハ数の測定には亜音速流と同様に，**ピトー管** を用いることがあるが，その構造は，亜音速流で使用する総圧管と静圧管を合わせもつ構造のピトー管ではなく，**総圧管** のみの構造である．超音速流中に総圧管を入れると，その先端で流れをせき止めて流れの速度をゼロとした時の圧力を測定するため抵抗が大きく，その前方に **離脱衝撃波** が発生する．したがって総圧管で測定される圧力は，総圧管を入れたことによって発生してしまう衝撃波の後の総圧であり，総圧管を入れない時の流れのマッハ数を求めるには，測定値を使用して計算をする必要がある．本節では，衝撃波の発生を伴う総圧管の測定値を使って，総圧管を入れない状態での超音速流の流れのマッハ数の測定について説明する．図 3・17 に示すように，マッハ数 $M_1$ の超音速流があり，その圧力，すなわち流れに対し直角方向の側面の圧力となる静圧を $P_{s1}$，また流れに真正面な圧力，すなわち流れをその先端で停止させて全圧を測定する **総圧管** で測定された圧力を $P_{t2}$，また総圧管を入れることによって発生した衝撃波後の静圧を $P_{s2}$ とする．静圧 $P_{s1}$ は流路壁面に微小

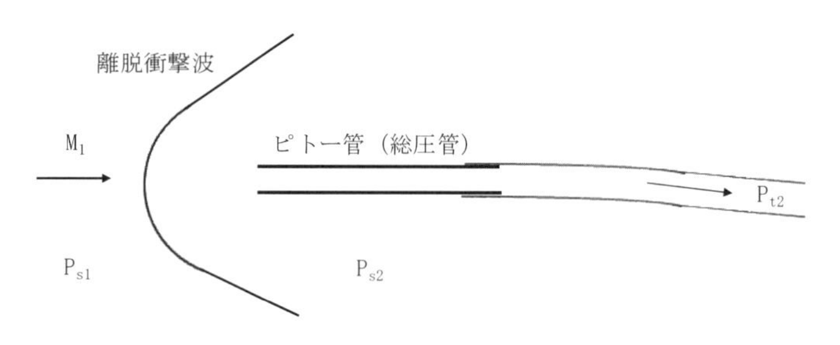


図3・17　ピトー管によるマッハ数の測定

径で開けた圧力測定孔により測定するか，超音速流の静圧を測定するための 図 3・18 に示すような，8～10 度に尖った先端を持ち，先端円錐底面から $8D$ 以上下流側の管側面に開けられた孔から圧力を導いて測定する特殊な **静圧管** を用いて測定する．$P_{s2}$ は，マッハ数の測定には直接は必要ないが，以後の解析過程で必要となる状態量である．なお添え字 $_1$ は衝撃波前の状態，添え字 $_2$ は衝撃波後の状態を示す．

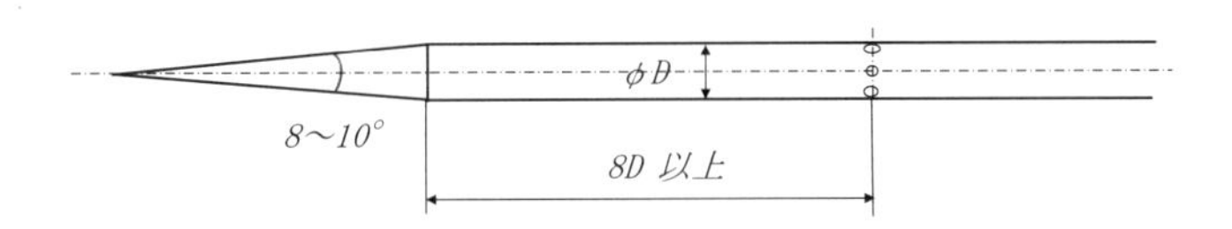


図3・18　超音速流測定用の静圧管[5]

今測定された総圧 $Pt_2$ と静圧 $Ps_1$ の比をとり，これを，衝撃波後の流れの全圧と静圧，また衝撃波前後の静圧の比に分けると，

$$\frac{Pt_2}{Ps_1}=\frac{Pt_2}{Ps_2}\frac{Ps_2}{Ps_1} \tag{3・62}$$

となる．ここで，右辺の衝撃波の後の全圧と静圧の比 $Pt_2/Ps_2$ について考える．等エントロピー流れの超音速流における マッハ数と圧力比の関係 は 式（2・21）より，

$$\frac{P_0}{P}=\left(\frac{k-1}{2}M^2+1\right)^{\frac{k}{k-1}} \tag{2・21}$$

であり，衝撃波を通過することによるエントロピーは増加するものの衝撃波前は前の領域で等エントロピー流れ，衝撃波後は後の領域で等エントロピー流れであるから，衝撃波後においては，

$$\frac{Pt_2}{Ps_2}=\left(\frac{k-1}{2}M_2{}^2+1\right)^{\frac{k}{k-1}} \tag{3・63}$$

となる．また，衝撃波前後のマッハ数の関係は，垂直衝撃波の 式（3・38）より，

$$M_2{}^2=\frac{(k-1)M_1{}^2+2}{2kM_1{}^2-(k-1)} \tag{3・38}$$

であるから，式（3・38）を 式（3・63）に代入すると，

$$\frac{Pt_2}{Ps_2}=\left(\frac{k-1}{2}\frac{(k-1){M_1}^2+2}{2k{M_1}^2-(k-1)}+1\right)^{\frac{k}{k-1}} \qquad (3\cdot 64)$$

となる．次に，式（3・62）の右辺の $Ps_2/Ps_1$ について考える．衝撃波前後の圧力とマッハ数との関係は 垂直衝撃波の 式（3・35）より，

$$\frac{P_2}{P_1}=\frac{1+k{M_1}^2}{1+k{M_2}^2} \qquad (3\cdot 35)$$

であり，衝撃波前後のマッハ数の関係は 式（3・38）より，

$${M_2}^2=\frac{(k-1){M_1}^2+2}{2k{M_1}^2-(k-1)} \qquad (3\cdot 38)$$

であるから，添え字を 図 3・17 の表記にし，式（3・38）を 式（3・35）に代入すると，

$$\frac{Ps_2}{Ps_1}=\frac{1+k{M_1}^2}{1+k\left(\dfrac{(k-1){M_1}^2+2}{2k{M_1}^2-(k-1)}\right)}$$

$$=\frac{1+k{M_1}^2}{\dfrac{(2k{M_1}^2-(k-1))+k((k-1){M_1}^2+2)}{2k{M_1}^2-(k-1)}}$$

$$=\frac{1+k{M_1}^2}{\dfrac{2k{M_1}^2-k+1+k^2{M_1}^2-k{M_1}^2+2k}{2k{M_1}^2-(k-1)}}$$

$$=\frac{1+k{M_1}^2}{\dfrac{k^2{M_1}^2+k{M_1}^2+k+1}{2k{M_1}^2-(k-1)}}$$

$$\frac{Ps_2}{Ps_1}=\frac{1+kM_1{}^2}{\dfrac{kM_1{}^2(k+1)+(k+1)}{2kM_1{}^2-(k-1)}}$$

$$=\frac{1+kM_1{}^2}{\dfrac{(k+1)(1+kM_1{}^2)}{2kM_1{}^2-(k-1)}}$$

$$\frac{Ps_2}{Ps_1}=\frac{2kM_1{}^2-(k-1)}{k+1} \tag{3・65}$$

$$\frac{Ps_2}{Ps_1}=\frac{2kM_1{}^2}{k+1}-\frac{k-1}{k+1} \tag{3・66}$$

となる．したがって，式（3・64）と 式（3・65）を 式（3・62）に代入すると，

$$\frac{Pt_2}{Ps_2}=\left(\frac{k-1}{2}\frac{(k-1)M_1{}^2+2}{2kM_1{}^2-(k-1)}+1\right)^{\frac{k}{k-1}} \tag{3・64}$$

であるから，

$$\frac{Pt_2}{Ps_1}=\frac{Pt_2}{Ps_2}\frac{Ps_2}{Ps_1} \tag{3・62}$$

$$=\left(\frac{k-1}{2}\frac{(k-1)M_1{}^2+2}{2kM_1{}^2-(k-1)}+1\right)^{\frac{k}{k-1}}\left(\frac{2kM_1{}^2-(k-1)}{k+1}\right)$$

$$=\left(\frac{(k-1)((k-1)M_1{}^2+2)+2(2kM_1{}^2-(k-1))}{2(2kM_1{}^2-(k-1))}\right)^{\frac{k}{k-1}}\left(\frac{2kM_1{}^2-(k-1)}{k+1}\right)$$

$$=\left(\frac{(k-1)^2M_1{}^2+2(k-1)+4kM_1{}^2-2(k-1))}{2(2kM_1{}^2-(k-1))}\right)^{\frac{k}{k-1}}\left(\frac{2kM_1{}^2-(k-1)}{k+1}\right)$$

$$=\left(\frac{(k^2-2k+1)M_1{}^2+4kM_1{}^2)}{2(2kM_1{}^2-(k-1))}\right)^{\frac{k}{k-1}}\left(\frac{2kM_1{}^2-(k-1)}{k+1}\right)$$

$$\frac{Pt_2}{Ps_1}=\left(\frac{(k^2+2k+1)M_1^{\ 2}}{2(2kM_1^{\ 2}-(k-1))}\right)^{\frac{k}{k-1}}\left(\frac{2kM_1^{\ 2}-(k-1)}{k+1}\right)$$

$$=\left(\frac{(k+1)^2M_1^{\ 2}}{2(2kM_1^{\ 2}-(k-1))}\right)^{\frac{k}{k-1}}\left(\frac{2kM_1^{\ 2}-(k-1)}{k+1}\right)$$

$$=\left(\frac{(k+1)M_1^{\ 2}}{2\left(\dfrac{2kM_1^{\ 2}-(k-1)}{(k+1)}\right)}\right)^{\frac{k}{k-1}}\left(\frac{2kM_1^{\ 2}-(k-1)}{k+1}\right)$$

$$=\left(\frac{(k+1)M_1^{\ 2}}{2}\right)^{\frac{k}{k-1}}\left(\frac{2kM_1^{\ 2}-(k-1)}{k+1}\right)^{-\frac{k}{k-1}}\left(\frac{2kM_1^{\ 2}-(k-1)}{k+1}\right)$$

$$=\left(\frac{(k+1)M_1^{\ 2}}{2}\right)^{\frac{k}{k-1}}\left(\frac{2kM_1^{\ 2}-(k-1)}{k+1}\right)^{1-\frac{k}{k-1}}$$

$$=\left(\frac{(k+1)M_1^{\ 2}}{2}\right)^{\frac{k}{k-1}}\left(\frac{2kM_1^{\ 2}-(k-1)}{k+1}\right)^{-\frac{1}{k-1}}$$

$$\frac{Pt_2}{Ps_1}=\frac{\left(\dfrac{(k+1)M_1^{\ 2}}{2}\right)^{\frac{k}{k-1}}}{\left(\dfrac{2kM_1^{\ 2}-(k-1)}{k+1}\right)^{\frac{1}{k-1}}} \tag{3・67}$$

となる．すなわち，測定値 $Pt_2$ と $Ps_1$ を式(3・67)に代入することによって衝撃波前の $M_1$，すなわち総圧管を入れない状態での流れのマッハ数を求めることができる．$k=1.4$ として $Pt_2/Ps_1$ と $M_1$ の関係をグラフで表すと図 3・19 のごとくなる．実際に実験で，$Pt_2/Ps_1$ を測定してマッハ数 $M_1$ を算出する際に，図 3・19 のグラフから読み取るには，粗過ぎる．したがって，本書の巻末に掲載した圧縮性流体力学の専門書には，それぞれの巻末に，小数点以下 4 桁の $Pt_2/Ps_1$ の値に対する小数点以下 2 桁までのマッハ数 $M_1$ を求めることができる数表が掲載されているので，参照頂きたい.

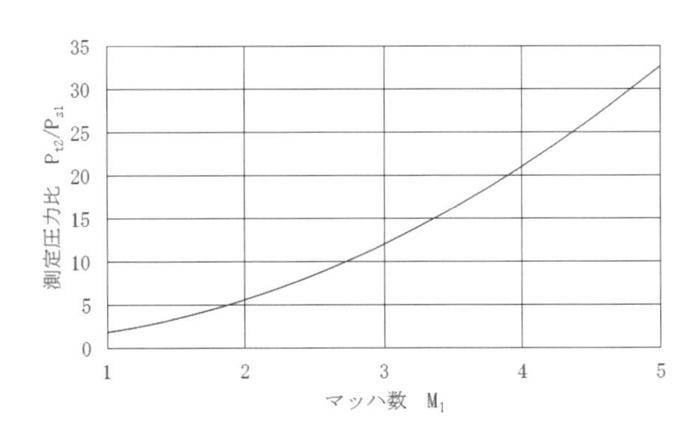


図3・19　ピトー管測定圧力比とマッハ数との関係

## 3・5　プラントル・マイヤー膨張扇

前節までは垂直衝撃波や斜め衝撃波と言った波の中でも流れがその波面を通過することによって圧力が増加・減速する波について述べたが，本節では，超音速流がその波面を通過することによって流れが減圧・膨張して加速する膨張波について述べる．また，流路がある箇所からわずかではなく一定程度の角度をもって広がるときには，その箇所を起点として膨張波が扇のように連続して発生して流れは膨張し続けるが，この **プラントル・マイヤー膨張扇** と言われる流れの偏向，膨張，加速について説明する．またこの節では，流れが 1 次元ではなく，流れ方向の $x$ 方向とともに $y$ 方向にも状態量が変化する 2 次元の流れを取り扱う.

### 3・5・1　基礎方程式と展開

まず，微小コーナーを曲がる超音速流れの特性について述べるが，そのために，その基礎方程式を導く．今，図 3・20 に示すように，流路において物体の影響を受けない

一様流状態を 添え字 $_\infty$ で表わし，圧縮性気体の速度 $V_\infty$ の２次元の一様流の中に，厚みの非常に薄い物体があり，その物体によって $\Delta V$ の速度の乱れ，**擾乱** が発生し，その擾乱速度の $x$、$y$ 方向の成分速度を $u$、$v$ とし，この擾乱を含んだ全体の速度

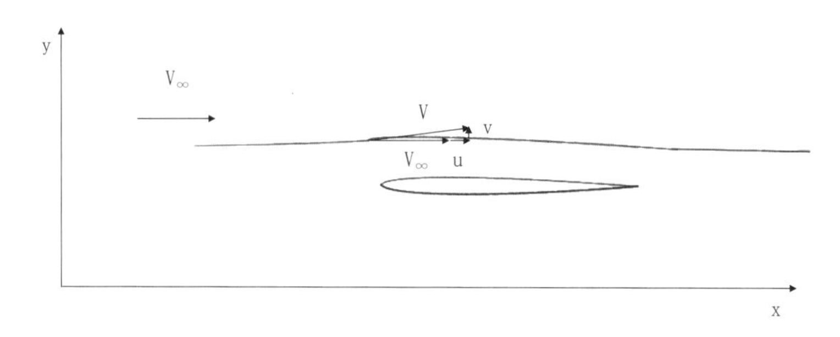


図３・20　微小擾乱モデル解析図[3]

を$V$，その $x$ 方向成分を $V_x$， $y$ 方向成分を $V_y$ とすると，

$$V_x = V_\infty + u \tag{3・68}$$

$$V_y = v \tag{3・69}$$

である．ここで，**速度ポテンシャル** を導入する．**速度ポテンシャル** は，その関数をそれぞれの方向の変数で微分すると，それぞれの方向の速度成分となるような関数であるから，いま，擾乱を含む全体の流れの速度ポテンシャルを$\phi$，擾乱の速度ポテンシャルを$\phi'$とすると，速度ポテンシャルの定義より，

$$\frac{\partial \phi'}{\partial x} = u \qquad \frac{\partial \phi'}{\partial y} = v \tag{3・70}$$

である．全体の流れの $x$、$y$ それぞれの速度成分は 式（3・68），式（3・69）であるから，擾乱を含む全体の流れの速度ポテンシャル $\phi$ は，

$$V_x = V_\infty + u \tag{3・68}$$

$$V_y = v \qquad (3 \cdot 69)$$

のため,

$$\phi = V_\infty x + \phi' \qquad (3 \cdot 71)$$

で表わすことができ，それぞれの速度成分を求めると,

$$V_x = \frac{\partial \phi}{\partial x} = \frac{\partial}{\partial x}(V_\infty x) + \frac{\partial \phi'}{\partial x} = V_\infty + u \qquad (3 \cdot 72)$$

$$V_y = \frac{\partial \phi}{\partial y} = \frac{\partial}{\partial y}(V_\infty x) + \frac{\partial \phi'}{\partial y} = \frac{\partial \phi'}{\partial y} = v \qquad (3 \cdot 73)$$

となり，式（3・68)，式（3・69）と一致する．厚みの非常に薄い物体によって発生する **擾乱** は非常に微小であり，擾乱前の流れと擾乱を含む流れのエネルギーは等しいと考えて良い．したがってエネルギー式 式（1・116)

$$\frac{1}{2}V^2 + \frac{k}{k-1}RT + gz = const \qquad (1 \cdot 116)$$

が適用できる．また，今考えている流れは，高さ $z$ が同一で一定であり，また擾乱が微小であることから等エントロピー流れと考えてよくその場合の音速は，次の 式（1・23）で表すことができる.

$$c = \left(k \times R \times T\right)^{\frac{1}{2}} \qquad (1 \cdot 23)$$

この 式（1・23）を 流れの高さを一定とした 式（1・116）に代入すると,

$$\frac{1}{2}V^2 + \frac{c^2}{k-1} = const \qquad (3 \cdot 74)$$

となり，式（3・74）を 図3・20の流れのモデルに適用すると,

$$\frac{1}{2}V_\infty{}^2 + \frac{c_\infty{}^2}{k-1} = \frac{1}{2}((V_\infty + u)^2 + v^2) + \frac{c^2}{k-1} \qquad (3 \cdot 75)$$

となり，したがって両辺をそれぞれ移項し，$k-1$ を掛けると,

$$\frac{k-1}{2}((V_\infty+u)^2+v^2)+c^2=\frac{k-1}{2}{V_\infty}^2+{c_\infty}^2 \tag{3・76}$$

となる．この流れのモデルにマッハ数の定義式 式（2・15）を適用すると，

$$M_\infty=\frac{V_\infty}{c_\infty} \tag{3・77}$$

であるから，式（3・76）を変形し，それに 式（3・77）を代入すると，

$$c^2={c_\infty}^2-\frac{k-1}{2}((V_\infty+u)^2+v^2-{V_\infty}^2)$$

$$={c_\infty}^2-\frac{k-1}{2}(2V_\infty u+u^2+v^2)$$

$$={c_\infty}^2-\frac{k-1}{2}{V_\infty}^2\left(\frac{2u}{V_\infty}+\frac{u^2+v^2}{{V_\infty}^2}\right)$$

$$={c_\infty}^2-\frac{k-1}{2}{c_\infty}^2\frac{{V_\infty}^2}{{c_\infty}^2}\left(\frac{2u}{V_\infty}+\frac{u^2+v^2}{{V_\infty}^2}\right)$$

$$\frac{c^2}{{c_\infty}^2}=1-\frac{k-1}{2}{M_\infty}^2\left(\frac{2u}{V_\infty}+\frac{u^2+v^2}{{V_\infty}^2}\right) \tag{3・78}$$

となる. 擾乱はわずかであるため, 微小値の二乗項である $(u/V_\infty)^2$ と $(v/V_\infty)^2$ は, 他の項に比べてきわめて小さいため無視し，また,

$${M_\infty}^2\frac{2u}{V_\infty}\ll 1 \tag{3・79}$$

とすると，式（3・78）は,

$$\frac{c^2}{{c_\infty}^2}\approx 1 \tag{3・80}$$

となり，図 3・20 に示す流れ場の音速は，ほぼ一様で一定と見なすことができる.

ここで，図 3・20 の流れに，2 次元で時間的に流れが変化しない定常という条件で,

**オイラーの運動方程式** を適用すると，2・1・5節 から3次元，非定常流れのオイラーの運動方程式は 式（2・53），式（2・54），式（2・55）であるから，

$$\frac{\partial u}{\partial t}+u\frac{\partial u}{\partial x}+v\frac{\partial u}{\partial y}+w\frac{\partial u}{\partial z}=-\frac{1}{\rho}\frac{\partial P}{\partial x} \tag{2・53}$$

$$\frac{\partial v}{\partial t}+u\frac{\partial v}{\partial x}+v\frac{\partial v}{\partial y}+w\frac{\partial v}{\partial z}=-\frac{1}{\rho}\frac{\partial P}{\partial y} \tag{2・54}$$

$$\frac{\partial w}{\partial t}+u\frac{\partial w}{\partial x}+v\frac{\partial w}{\partial y}+w\frac{\partial w}{\partial z}=-\frac{1}{\rho}\frac{\partial P}{\partial z} \tag{2・55}$$

であり，2次元，定常流れである 図 3・20 の $x$、$y$ 方向に適用すると，

$$V_x\frac{\partial V_x}{\partial x}+V_y\frac{\partial V_x}{\partial y}=-\frac{1}{\rho}\frac{\partial P}{\partial x} \tag{3・81}$$

$$V_x\frac{\partial V_y}{\partial x}+V_y\frac{\partial V_y}{\partial y}=-\frac{1}{\rho}\frac{\partial P}{\partial y} \tag{3・82}$$

となり，また音速 $c$ は 式（1・14）より，

$$c=\left(\frac{dP}{d\rho}\right)^{\frac{1}{2}} \tag{1・14}$$

であるから，式（3・81），式（3・82）の右辺の圧力項は次のように変形できる.

$$\frac{\partial P}{\partial x}=\frac{\partial P}{\partial \rho}\frac{\partial \rho}{\partial x}=c^2\frac{\partial \rho}{\partial x} \tag{3・83}$$

$$\frac{\partial P}{\partial y}=\frac{\partial P}{\partial \rho}\frac{\partial \rho}{\partial y}=c^2\frac{\partial \rho}{\partial y} \tag{3・84}$$

式（3・83），式（3・84）を 式（3・81），式（3・82）に代入し，移項すると，

$$V_x\frac{\partial V_x}{\partial x}+V_y\frac{\partial V_x}{\partial y}+\frac{c^2}{\rho}\frac{\partial \rho}{\partial x}=0 \tag{3・85}$$

$$V_x \frac{\partial V_y}{\partial x} + V_y \frac{\partial V_y}{\partial y} + \frac{c^2}{\rho} \frac{\partial \rho}{\partial y} = 0 \tag{3・86}$$

となる．2・1・5節 から，連続の方程式は，次の 式 (2・38)で表わされる．

$$\frac{\partial \rho}{\partial t} + \frac{\partial}{\partial x}(\rho u) + \frac{\partial}{\partial y}(\rho v) + \frac{\partial}{\partial z}(\rho w) = 0 \tag{2・38}$$

この式を，いま考えている2次元の定常流に適用すると，

$$\frac{\partial(\rho V_x)}{\partial x} + \frac{\partial(\rho V_y)}{\partial y} = 0 \tag{3・87}$$

となり，展開すると，

$$V_x \frac{\partial \rho}{\partial x} + \rho \frac{\partial V_x}{\partial x} + V_y \frac{\partial \rho}{\partial y} + \rho \frac{\partial V_y}{\partial y} = 0$$

$$V_x \frac{\partial \rho}{\partial x} + V_y \frac{\partial \rho}{\partial y} + \rho \left( \frac{\partial V_x}{\partial x} + \frac{\partial V_y}{\partial y} \right) = 0 \tag{3・88}$$

となる．ここでオイラーの運動方程式である 式 (3・85)，式 (3・86) を，連続の方程式である 式 (3・88) に代入する．式 (3・85)，式 (3・86) を変形するとそれぞれ，

$$\frac{\partial \rho}{\partial x} = -\frac{\rho}{c^2} \left( V_x \frac{\partial V_x}{\partial x} + V_y \frac{\partial V_x}{\partial y} \right)$$

$$\frac{\partial \rho}{\partial y} = -\frac{\rho}{c^2} \left( V_x \frac{\partial V_y}{\partial x} + V_y \frac{\partial V_y}{\partial y} \right)$$

であるから，式 (3・88) に代入し，$\rho$ で割ると，

$$V_x \left( -\frac{\rho}{c^2} \left( V_x \frac{\partial V_x}{\partial x} + V_y \frac{\partial V_x}{\partial y} \right) \right) + V_y \left( -\frac{\rho}{c^2} \left( V_x \frac{\partial V_y}{\partial x} + V_y \frac{\partial V_y}{\partial y} \right) \right) + \rho \left( \frac{\partial V_x}{\partial x} + \frac{\partial V_y}{\partial y} \right) = 0$$

$$-\frac{{V_x}^2}{c^2} \frac{\partial V_x}{\partial x} - \frac{V_x V_y}{c^2} \frac{\partial V_x}{\partial y} - \frac{V_x V_y}{c^2} \frac{\partial V_y}{\partial x} - \frac{{V_y}^2}{c^2} \frac{\partial V_y}{\partial y} + \left( \frac{\partial V_x}{\partial x} + \frac{\partial V_y}{\partial y} \right) = 0$$

$$\left(1-\frac{V_x{}^2}{c^2}\right)\frac{\partial V_x}{\partial x}-\frac{V_xV_y}{c^2}\left(\frac{\partial V_x}{\partial y}+\frac{\partial V_y}{\partial x}\right)+\left(1-\frac{V_y{}^2}{c^2}\right)\frac{\partial V_y}{\partial y}=0 \tag{3・89}$$

となる．式（3・89）に 式（3・72）と 式（3・73）の速度ポテンシャル $\phi$ を代入すると，

$$V_x=\frac{\partial\phi}{\partial x}=\frac{\partial}{\partial x}(V_\infty x)+\frac{\partial\phi'}{\partial x}=V_\infty+u \tag{3・72}$$

$$V_y=\frac{\partial\phi}{\partial y}=\frac{\partial}{\partial y}(V_\infty x)+\frac{\partial\phi'}{\partial y}=\frac{\partial\phi'}{\partial y}=v \tag{3・73}$$

であるから，

$$\left(1-\frac{V_x{}^2}{c^2}\right)\frac{\partial^2\phi}{\partial x^2}-\frac{V_xV_y}{c^2}\left(\frac{\partial^2\phi}{\partial y\partial x}+\frac{\partial^2\phi}{\partial x\partial y}\right)+\left(1-\frac{V_y{}^2}{c^2}\right)\frac{\partial^2\phi}{\partial y^2}=0$$

$$\left(1-\frac{V_x{}^2}{c^2}\right)\frac{\partial^2\phi}{\partial x^2}-2\frac{V_xV_y}{c^2}\frac{\partial^2\phi}{\partial x\partial y}+\left(1-\frac{V_y{}^2}{c^2}\right)\frac{\partial^2\phi}{\partial y^2}=0 \tag{3・90}$$

となる．式（3・90）の左辺第一項の括弧内に 式（3・72）を代入して変形すると，

$$1-\frac{V_x{}^2}{c^2}=1-\frac{(V_\infty+u)^2}{c^2}=1-\frac{\frac{V_\infty{}^2}{V_\infty{}^2}(V_\infty+u)^2}{c^2}=1-\frac{V_\infty{}^2\left(1+\frac{u}{V_\infty}\right)^2}{c^2}=1-\frac{\frac{V_\infty{}^2}{c_\infty{}^2}\left(1+\frac{u}{V_\infty}\right)^2}{\frac{c^2}{c_\infty{}^2}}$$

となり，この式に上記の 式（3・72），マッハ数の定義式 式（3・77）と エネルギー式を展開した式（3・78）を代入すると，

$$M_\infty=\frac{V_\infty}{c_\infty} \tag{3・77}$$

$$\frac{c^2}{c_\infty{}^2}=1-\frac{k-1}{2}M_\infty{}^2\left(\frac{2u}{V_\infty}+\frac{u^2+v^2}{V_\infty{}^2}\right) \tag{3・78}$$

であるから，

$$1-\frac{(V_\infty+u)^2}{c^2}=1-\frac{\dfrac{V_\infty{}^2}{c_\infty{}^2}\left(1+\dfrac{u}{V_\infty}\right)^2}{\dfrac{c^2}{c_\infty{}^2}}=1-M_\infty{}^2\left(1+\frac{u}{V_\infty}\right)^2\left\{1-\frac{k-1}{2}M_\infty{}^2\left(\frac{2u}{V_\infty}+\frac{u^2+v^2}{V_\infty{}^2}\right)\right\}^{-1}$$

となり，この式を展開し，$(u/V_\infty)^2$ ，$(v/V_\infty)^2$ の微小項の二乗は他に比べ小さいことから無視すると，

$$1-\frac{(V_\infty+u)^2}{c^2}=1-M_\infty{}^2\left(1+2\frac{u}{V_\infty}+\left(\frac{u}{V_\infty}\right)^2\right)\left\{1-\frac{k-1}{2}M_\infty{}^2\left(\frac{2u}{V_\infty}+\left(\frac{u}{V_\infty}\right)^2+\left(\frac{v}{V_\infty}\right)^2\right)\right\}^{-1}$$

$$1-\frac{(V_\infty+u)^2}{c^2}\approx 1-M_\infty{}^2\left(1+2\frac{u}{V_\infty}\right)\left\{1-\frac{k-1}{2}M_\infty{}^2\left(\frac{2u}{V_\infty}\right)\right\}^{-1}$$

さらに変形すると，

$$1-\frac{(V_\infty+u)^2}{c^2}\approx(1-M_\infty{}^2)\left\{1-\frac{M_\infty{}^2}{1-M_\infty{}^2}\left(\frac{2u}{V_\infty}\right)\left(1+\frac{k-1}{2}M_\infty{}^2\right)\right\} \tag{3・91}$$

となる．ここで，式（3・91）の右辺の中カッコ内の項の大きさを検討すると，

$$\frac{M_\infty{}^2}{1-M_\infty{}^2}\left(\frac{2u}{V_\infty}\right)\ll 1$$

である．また左辺に 式（3・72）を適用すると，

$$V_x=\frac{\partial\phi}{\partial x}=\frac{\partial}{\partial x}(V_\infty x)+\frac{\partial\phi'}{\partial x}=V_\infty+u \tag{3・72}$$

であるから，式（3・91）の左辺は，

$$1-\frac{(V_\infty+u)^2}{c^2}=1-\frac{Vx^2}{c^2}\approx(1-M_\infty{}^2) \tag{3・92}$$

となる．また，式（3・90）の左辺第2項の係数の大きさを検討すると，

$$V_x=\frac{\partial\phi}{\partial x}=\frac{\partial}{\partial x}(V_\infty x)+\frac{\partial\phi'}{\partial x}=V_\infty+u \tag{3・72}$$

$$V_y = \frac{\partial \phi}{\partial y} = \frac{\partial}{\partial y}(V_\infty x) + \frac{\partial \phi'}{\partial y} = \frac{\partial \phi'}{\partial y} = v \tag{3・73}$$

であるから，

$$2\frac{V_x V_y}{c^2} = \frac{2(V_\infty + u)v}{c^2} = \frac{2V_\infty\left(1+\frac{u}{V_\infty}\right)v}{c^2} = \frac{2V_\infty{}^2\left(1+\frac{u}{V_\infty}\right)v}{V_\infty c^2}$$

$$= 2\frac{V_\infty{}^2}{c_\infty{}^2}\left(1+\frac{u}{V_\infty}\right)\frac{v}{V_\infty}\frac{c_\infty{}^2}{c^2} = 2M_\infty{}^2\left(1+\frac{u}{V_\infty}\right)\frac{v}{V_\infty}\frac{c_\infty{}^2}{c^2} \tag{3・93}$$

であり，式（3・93）に 式（3・79），式（3・80）の大きさの関係を適用すると，

$$M_\infty{}^2 \frac{2u}{V_\infty} \ll 1 \tag{3・79}$$

$$\frac{c^2}{c_\infty{}^2} \approx 1 \tag{3・80}$$

であり，また $v/V_\infty$ は非常に小さいから 式（3・93)は,

$$2\frac{V_x V_y}{c^2} = 2M_\infty{}^2\left(1+\frac{u}{V_\infty}\right)\frac{v}{V_\infty}\frac{c_\infty{}^2}{c^2} \approx 2M_\infty{}^2\frac{v}{V_\infty} \approx 0 \tag{3・94}$$

となる．式（3・90）の左辺第3項の係数の大きさを検討すると，

$$1-\frac{V_y{}^2}{c^2} = 1-\frac{v^2}{c^2} = 1-\frac{v^2}{c^2}\frac{\frac{V_\infty{}^2}{c_\infty{}^2}}{\frac{V_\infty{}^2}{c_\infty{}^2}} = 1-M_\infty{}^2\frac{v^2}{V_\infty{}^2}\frac{c_\infty{}^2}{c^2} \approx 1-M_\infty{}^2\frac{v^2}{V_\infty{}^2} \approx 1 \tag{3・95}$$

となる．式（3・92），式（3・94），式(3・95）を，連続の方程式に2次元のオイラーの運動方程式を組み入れた 式（3・90）に代入すると，

$$\left(1-\frac{V_x{}^2}{c^2}\right)\frac{\partial^2 \phi}{\partial x^2} - 2\frac{V_x V_y}{c^2}\frac{\partial^2 \phi}{\partial x \partial y} + \left(1-\frac{V_y{}^2}{c^2}\right)\frac{\partial^2 \phi}{\partial y^2} = 0 \tag{3・90}$$

であるから，

$$(1-M_\infty{}^2)\frac{\partial^2\phi}{\partial x^2}+\frac{\partial^2\phi}{\partial y^2}=0 \tag{3・96}$$

となる．式（3・96）が，**超音速流れの線形理論の基礎式** となる．ただし，式（3・96）の導出の過程で項の大小を比較して式を簡略化した前提があり，$M\approx 1$ および $M_\infty$ が非常に大きい極超音速流れにおいては，簡略化ができない近似があり，これらの流れには適用することができない．いま，$M_\infty$ が $1$ より大きい超音速流れを考え，

$$\sqrt{M_\infty{}^2-1}=\beta \tag{3・97}$$

とおくと

$$\beta=\sqrt{M_\infty{}^2-1}\quad >0$$

である．したがって，

$$M_\infty{}^2-1=\beta^2$$

$$1-M_\infty{}^2=-\beta^2 \tag{3・98}$$

となり，式（3・98）を 式（3・96）に代入すると，

$$\beta^2\frac{\partial^2\phi}{\partial x^2}-\frac{\partial^2\phi}{\partial y^2}=0 \tag{3・99}$$

となる．式（3・99）は，**超音速流れの線形方程式** となるが，この方程式の一般解は次のように表すことができる．

$$\phi=\phi_1(x-\beta y)+\phi_2(x+\beta y) \tag{3・100}$$

ここで，$\phi_1$ と $\phi_2$ は，それぞれ $(x-\beta)$，$(x+\beta)$ の任意の関数で，境界条件によって決定される．式（3・100）において，今 $\phi_2=0$ とおくと，

$$\phi=\phi_1(x-\beta y) \tag{3・101}$$

となる．これは，微小擾乱の速度ポテンシャル $\phi$ が，直線 $x-\beta y=const$ に沿って一定であることを意味している．今，この直線の傾きを $\alpha_\infty$ とし，直線の傾きを求めるために微分すると，

$$dx - \beta dy = 0$$

$$\frac{dy}{dx} = \frac{1}{\beta} \qquad (3・102)$$

となる．したがって 式（3・97）も加味すると，速度ポテンシャル $\phi$ を一定にする直線の傾き $\alpha_\infty$ は,

$$\alpha_\infty = \tan^{-1}\left(\frac{dy}{dx}\right) = \tan^{-1}\left(\frac{1}{\beta}\right) = \tan^{-1}\left(\frac{1}{\sqrt{M_\infty{}^2 - 1}}\right) \qquad (3・103)$$

となる．式（3・103）が成立する角度 $\alpha_\infty$ を持つ直角三角形の斜辺の長さは $M_\infty$ となり，式（3・103）は直角三角形の三平方の定理から次のように表すことができる．

$$\alpha_\infty = \tan^{-1}\left(\frac{1}{\sqrt{M_\infty{}^2 - 1}}\right) = \sin^{-1}\left(\frac{1}{M_\infty}\right) \qquad (3・104)$$

式（3・104）は，先述したように次に示す 式（3・3）と同じであり，$\alpha_\infty$ がマッハ波の角度を表していることを示している．

$$\alpha = \sin^{-1}\frac{1}{M} \qquad (3・3)$$

### 3・5・2 微小角コーナーをまわる超音速流れ

前節の線形理論の結果を踏まえ，**微小角のコーナーをまわる超音速流れ** の特性について説明する．図 3・21 に示すように，流路が微小角 $\Delta\theta$ だけ拡大して曲げられる流れ場を考える．偏向前の超音速一様流の速度を $V$ とすると，流路壁が偏向する点 $A$ では，マッハ波が発生する．マッハ波であるから超音速を維持し，マッハ波後の流れも超音速であり，偏向する点 $A$ 以後の流路壁に平行に流れるその速度を $V + \Delta V$ とする．またその $x$，$y$ 方向の速度成分は，図 3・21 に図示する．また流れのマッ

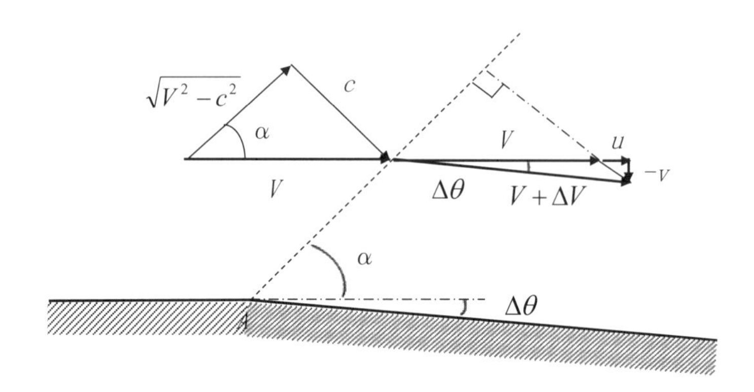


図3・21　微小角度偏向する流れ（※本書では原則，膨張波は点線，圧縮波は実線で示す）

ハ数とマッハ波の角度は 式（3・3）で表わされるから，図 3・21　に示すように，流れの速度の膨張波であるマッハ波への垂直成分は音速となるので，これを $c$ で表わす．図 3・21 に示す図の幾何学的関係より，

$$(V+\Delta V)\cos(-\Delta\theta)=V+u \tag{3・105}$$

$$(V+\Delta V)\sin(-\Delta\theta)=-v \tag{3・106}$$

である．また，$\Delta\theta$ が極微小とすると，次の関係式が成立する．

$$\cos(-\Delta\theta)\approx 1 \tag{3・107}$$

$$\sin(-\Delta\theta)\approx -\Delta\theta \tag{3・108}$$

式（3・107），式（3・108）を，式（3・105），式（3・106）に代入して2次の微小項を省略すると，

$$(V+\Delta V)\cos(-\Delta\theta)=V+u \tag{3・105}$$

$$V+\Delta V=V+u$$

$$u=\Delta V \tag{3・109}$$

また，

$$(V+\Delta V)\sin(-\Delta\theta)=-v \tag{3・106}$$

$$(V+\Delta V)\times(-\Delta\theta)=-v$$

$$V\cdot(-\Delta\theta)-\Delta V\cdot\Delta\theta=-v$$

$$v=V\cdot\Delta\theta \tag{3・110}$$

となる．また，図 3・21 に示す図の幾何学的関係より，

$$u=-v\tan\alpha \tag{3・111}$$

であり，また，式（3・104）を変形すると，

$$\alpha_\infty=\tan^{-1}\left(\frac{1}{\sqrt{{M_\infty}^2-1}}\right) \tag{3・104}$$

であるから，

$$\tan\alpha=\frac{1}{\sqrt{M^2-1}} \tag{3・112}$$

であり，式（3・109），式（3・110），式（3・112）を，式（3・111）に代入すると，

$$u=-v\tan\alpha \tag{3・111}$$

$$\Delta V=-V\cdot\Delta\theta\tan\alpha$$

$$\frac{\Delta V}{V}=-\Delta\theta\tan\alpha=-\frac{\Delta\theta}{\sqrt{M^2-1}} \tag{3・113}$$

となる．したがって，コーナーを曲がった後の速度変化 $\Delta V$ は，偏向角 $\Delta\theta$ に比例し，$\Delta\theta<0$ の時すなわち流路が拡大する時，$\Delta V>0$ となり加速される．圧力変化を求めると，発生する波がマッハ波であるから，波の前後は等エントロピー変化と考えることができる．波後の変化した圧力分を $\Delta P$，変化した密度分を $\Delta\rho$ とすると，等エントロピー変化式 式（1・99）は，

$$\frac{P}{\rho^k}=const \tag{1・99}$$

であるから，マッハ波の前後に適用すると，

$$\frac{P}{\rho^k}=\frac{P+\Delta P}{(\rho+\Delta\rho)^k} \qquad (3・114)$$

となる．したがって，

$$\left(\frac{\rho+\Delta\rho}{\rho}\right)^k=\frac{P+\Delta P}{P}$$

$$\frac{\rho+\Delta\rho}{\rho}=\left(\frac{P+\Delta P}{P}\right)^{\frac{1}{k}}=\left(\frac{P+\Delta P}{P}\right)\left(\frac{P+\Delta P}{P}\right)^{\frac{1}{k}-1}=\left(\frac{P+\Delta P}{P}\right)\left(\frac{P+\Delta P}{P}\right)^{\frac{1-k}{k}}$$

となり，

$$\frac{P+\Delta P}{\rho+\Delta\rho}=\frac{P}{\rho}\left(\frac{P+\Delta P}{P}\right)^{-\frac{1-k}{k}}=\frac{P}{\rho}\left(\frac{P+\Delta P}{P}\right)^{\frac{k-1}{k}} \qquad (3・115)$$

となる．また，エネルギー式は 式（1・117）より，

$$\frac{1}{2}V^2+\frac{k}{k-1}\frac{P}{\rho}+gz=const \qquad (1・117)$$

であり，マッハ波の前後へ適用すると高さは同じで $z=0$ であるから，

$$\frac{1}{2}V^2+\frac{k}{k-1}\frac{P}{\rho}=\frac{(V+u)^2+v^2}{2}+\frac{k}{k-1}\frac{P+\Delta P}{\rho+\Delta\rho} \qquad (3・116)$$

となる．式（3・115）を，式（3・116）に代入すると，

$$\frac{1}{2}V^2+\frac{k}{k-1}\frac{P}{\rho}=\frac{(V+u)^2+v^2}{2}+\frac{k}{k-1}\frac{P}{\rho}\left(\frac{P+\Delta P}{P}\right)^{\frac{k-1}{k}} \qquad (3・117)$$

となり，この式を変形し，次の 音速の式 式（1・23）と マッハ数の定義 式（2・15）を適用すると，

$$c=\left(k\times\frac{P}{\rho}\right)^{\frac{1}{2}}=(k\times R\times T)^{\frac{1}{2}} \qquad (1・23)$$

$$M=\frac{V}{c} \qquad (2・15)$$

であるから，式（3・117）は，

$$\frac{1}{2}V^2+\frac{k}{k-1}\frac{P}{\rho}=\frac{(V+u)^2+v^2}{2}+\frac{k}{k-1}\frac{P}{\rho}\left(\frac{P+\Delta P}{P}\right)^{\frac{k-1}{k}} \tag{3・117}$$

$$\left(\frac{P+\Delta P}{P}\right)^{\frac{k-1}{k}}=\frac{k-1}{k}\frac{1}{\frac{P}{\rho}}\left(\frac{1}{2}V^2+\frac{k}{k-1}\frac{P}{\rho}-\frac{(V+u)^2+v^2}{2}\right)$$

$$=\frac{k-1}{c^2}\left(\frac{1}{2}V^2+\frac{c^2}{k-1}-\frac{(V+u)^2+v^2}{2}\right)$$

$$=\frac{k-1}{c^2}\left(\frac{c^2}{k-1}-\frac{2Vu+u^2+v^2}{2}\right)$$

$$=1-\frac{k-1}{c^2}\times\frac{2Vu+u^2+v^2}{2}=1-\frac{(k-1)V^2}{c^2}\times\frac{2Vu+u^2+v^2}{2V^2}$$

$$\frac{P+\Delta P}{P}=\left\{1-\frac{(k-1)M^2}{2}\left(\frac{2u}{V}+\frac{u^2+v^2}{V^2}\right)\right\}^{\frac{k}{k-1}} \tag{3・118}$$

式（3・118）の右辺を展開し，二次以上の微小項を無視すると，

$$\Delta P=-kPM^2\frac{u}{V} \tag{3・119}$$

となる．この 式（3・119）に，マッハ数の定義 式（2・15），および音速の式　式(1・23）を代入すると，

$$M=\frac{V}{c} \tag{2・15}$$

$$c=\left(k\times\frac{P}{\rho}\right)^{\frac{1}{2}}=\left(k\times R\times T\right)^{\frac{1}{2}} \tag{1・23}$$

であるから，

$$\Delta P=-kPM^2\frac{u}{V}=-kP\frac{V^2}{c^2}\frac{u}{V}=-kP\frac{V^2}{k\frac{P}{\rho}}\frac{u}{V}=-\frac{kP\rho V^2u}{kPV}=-\rho Vu \qquad (3\cdot 120)$$

となる．今 $\Delta\theta<0$ の時，すなわち流路が拡大する時，先の 式（3・113）は，

$$\frac{\Delta V}{V}=-\frac{\Delta\theta}{\sqrt{M^2-1}} \qquad (3\cdot 113)$$

であるから，速度変化は $\Delta V>0$ すなわち加速され，先の 式（3・109）は，

$$u=\Delta V \qquad (3\cdot 109)$$

であるから $u>0$ となる．これらを 式（3・120）に適用すると，圧力変化は $\Delta P<0$ となり微小コーナーを回る流れの圧力は減少する．また上記の 式（3・109）と 式（3・113）を 式（3・120）に代入すると，

$$\Delta P=-kPM^2\frac{u}{V} \qquad (3\cdot 120)$$

$$\frac{\Delta P}{P}=-kM^2\frac{u}{V}=-kM^2\frac{\Delta V}{V}=\frac{kM^2\Delta\theta}{\sqrt{M^2-1}} \qquad (3\cdot 121)$$

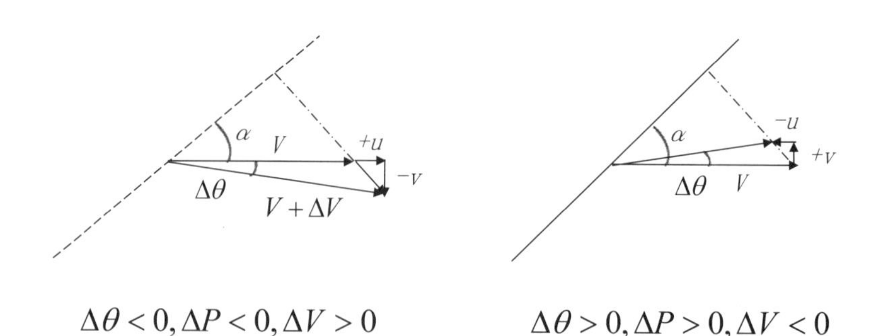


$\Delta\theta<0, \Delta P<0, \Delta V>0$　　　$\Delta\theta>0, \Delta P>0, \Delta V<0$

*a*. **膨張流れ**（加速）　　　*b*. **圧縮流れ**（減速）

図 3・22　微小コーナーを曲がる流れの解析図

となり, 圧力の増減を表す $\Delta P$ は 偏向角 $\Delta\theta$ に比例する. すなわち, $\Delta\theta<0$ の時は 式 (3・121) より 圧力は減少し, 式 (3・113) より速度は加速する膨張流れとなる. また, $\Delta\theta>0$ の時は, 式 (3・121) より圧力は増加し, 式 (3・113)より速度は減少する圧縮流れとなる. これを図示すると, 図 3・22 のごとくなる.

### 3・5・3　プラントル・マイヤー流れ

前節では, 偏向角が $\Delta\theta$ と微小のコーナーを曲がる流れについて述べたが, 本節では, 図 3・23 に示すごとく, 超音速一様流れが流れる壁面がある点で有限の角度 $\theta$ だけ偏向し, それに伴って流れも偏向する場合を考える. このように, 側壁に沿って角度 $\theta$ だけ偏向する 2 次元で, 定常な超音速の等エントロピー流れを, **プラントル・マイヤー流れ** という. まず, 図 3・21 $a$ の膨張流れの場合について考える. 壁面は角度 $\theta$ だけ偏向するので, 壁面の偏向点 $B$ からは何本かの膨張波が発生し, $\Delta\theta$ ずつ偏向して全体で角度 $\theta$ 偏向することになる. この膨張波群の最初に発生する波を **波頭** と言い, 最後に発生する波を **波尾** という. 偏向点 $B$ より発生する波の波頭は, マッハ

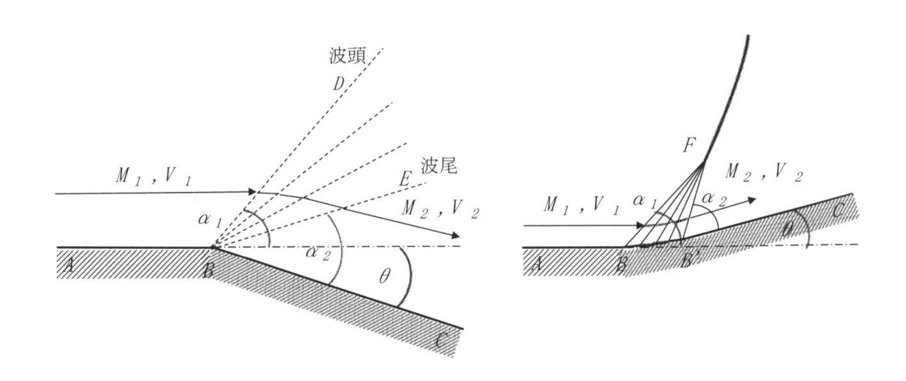


$a$. 膨張流れ（加速）　　$b$. 圧縮流れ（減速）

図 3・23　プラントル・マイヤー流れ[3]

数 $M_1$ で流れる超音速流の壁面の微小変化により発生するマッハ波であるから，壁面 $AB$ に対しマッハ角としては 式（3・3）より，

$$\alpha = \sin^{-1}\frac{1}{M} \tag{3・3}$$

であるから，したがって，

$$\alpha_1 = \sin^{-1}\frac{1}{M_1} \tag{3・122}$$

なるマッハ線 $BD$ が **波頭** となる．また，偏向点 $B$ より発生する波の波尾は，膨張波群によって加速され，壁面 $BC$ に平行なる超音速流 $M_2$ で流れる超音速流の壁面の微小変化により発生する最後のマッハ波であるから，壁面 $BC$ に対しマッハ角として，

$$\alpha_2 = \sin^{-1}\frac{1}{M_2} \tag{3・123}$$

なるマッハ線 $BE$ が **波尾** となる．図 3・21 $a$ は，膨張波群を発生するが，波は偏向点 $B$ から扇状に広がってゆく．これを **プラントル・マイヤー膨張扇** という．

図 3・21 $b$ の場合は，$\Delta\theta > 0$ であり，式（3・121）より $\Delta P$ は正となり，波後の圧力は上昇するため圧縮波の発生となる．偏向点 $B$ が $\Delta\theta > 0$ の場合，壁面の偏向角 $\theta$ を $\Delta\theta$ の連続の総和として考えるには，偏向位置が点でなくある長さを持った曲面となる．したがって，$b$ の場合は，偏向点 $B$ から $B'$ にかけて微弱な圧縮波を出しながらわずかずつ偏向してゆくことになる．が，この場合，微弱な圧縮波は壁面から離れたところ $F$ で交わることになり，微弱な圧縮波の束は，**斜め衝撃波** となってゆく．

図 3・23 $a$ の場合において，式（3・113）の $\Delta\theta$ を $d\theta$ と書き改めると，

$$\frac{\Delta V}{V} = -\Delta\theta \tan\alpha = -\frac{\Delta\theta}{\sqrt{M^2 - 1}} \tag{3・113}$$

であるから，

$$-d\theta = \frac{\Delta V}{V}\frac{1}{\tan\alpha} = \sqrt{M^2-1}\frac{\Delta V}{V} \qquad (3・124)$$

となる．ここで，新たな変数 $\omega(M)$ を導入し，$-d\theta$ を $d\omega$ で表わすと，

$$d\omega = \frac{\Delta V}{V}\frac{1}{\tan\alpha} = \frac{\Delta V}{V}\cot\alpha = \sqrt{M^2-1}\frac{\Delta V}{V} \qquad (3・125)$$

となる．ここで，偏向角 $\omega$ は，$\omega(M)$ とマッハ数の関数であるから，式（3・125）の速度 $V$ をマッハ数 $M$ に変換する必要がある．プラントル・マイヤー膨張扇の膨張波群を通る流れは，等エントロピー流れと考えて良いので，すでに 2・2 節 で導出した関係式を活用する．式（2・66）では，断面積変化と速度変化の関係は次式で表わされるから，

$$\frac{du}{u} = \frac{1}{M^2-1}\frac{dA}{A} \qquad (2・66)$$

であり，また 式（2・71）では，断面積変化とマッハ数変化の関係として次式を導出している．

$$\frac{dM}{M} = \frac{2+(k-1)M^2}{2(M^2-1)}\frac{dA}{A} \qquad (2・71)$$

したがって速度 $u$ を $V$ で表わし，これらの式をいま考えている流れに適用して $dA/A$ を消去すると，

$$(M^2-1)\frac{dV}{V} = \frac{2(M^2-1)}{2+(k-1)M^2}\frac{dM}{M}$$

となり，したがって，

$$\frac{dV}{V} = \frac{2}{2+(k-1)M^2}\frac{dM}{M} \qquad (3・126)$$

となる．式（3・126）を 式（3・125）に代入して，$M=1$ の時，$\omega=0$ の条件で積分すると，

$$d\omega = \sqrt{M^2 - 1}\,\frac{\Delta V}{V} \qquad (3 \cdot 125)$$

であるから，

$$\omega(M) = \int_1^M \frac{2\sqrt{M^2 - 1}}{2 + (k-1)M^2}\frac{dM}{M}$$

$$\omega(M) = \sqrt{\frac{k+1}{k-1}}\tan^{-1}\sqrt{\frac{k-1}{k+1}(M^2 - 1)} - \tan^{-1}\sqrt{M^2 - 1} \qquad (3 \cdot 127)$$

となる．式（3・127）は，マッハ数 $M$ の超音速の流れが偏向可能な角度 $\omega(M)$ を表すが，言い方を換えると，マッハ数 $M$ の超音速の流れが，どこまで壁面の偏向角度と同一角度で曲がり得るかを算出できる式で，**プラントル・マイヤー関数** と呼ばれている．マッハ数 $M$ に対するプラントル・マイヤー関数 $\omega(M)$ を，比熱比 $k = 1.4$ として計算した結果を 図 3・22 に示す．

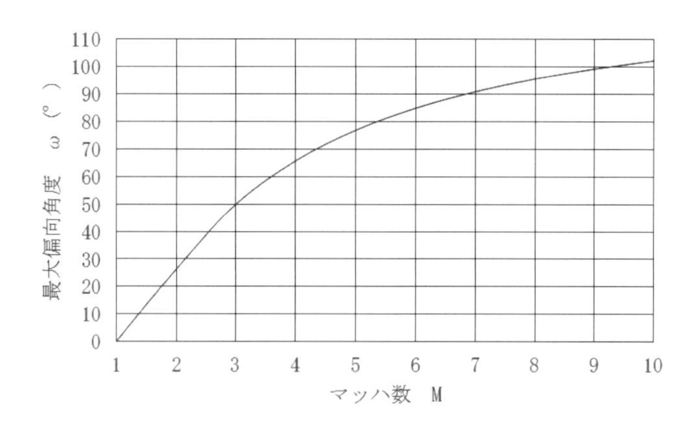


図3・24　マッハ数と拡大流路最大偏向可能角度

式（3・127）において，マッハ数 $M$ が $\infty$ の時に，$\omega(M)$ は最大となるので，

$M$ に $\infty$ を入れ，$k=1.4$ として計算すると，

$$\omega(M)=\sqrt{\frac{k+1}{k-1}}\tan^{-1}\sqrt{\frac{k-1}{k+1}(M^2-1)}-\tan^{-1}\sqrt{M^2-1} \qquad (3・127)$$

$$\omega(M)=\sqrt{\frac{k+1}{k-1}}\tan^{-1}(\infty)-\tan^{-1}(\infty)=\sqrt{\frac{k+1}{k-1}}\frac{\pi}{2}-\frac{\pi}{2}=\frac{\pi}{2}\left(\sqrt{\frac{k+1}{k-1}}-1\right)$$

$$\omega(M)=2.276rad=130.45° \qquad (3・128)$$

となる．すなわち，$M=\infty$ の時，超音速流は，130.45° 偏向する壁面まで，偏向点を回って剥離無く流れることができる．

## 3・6　膨張波の反射

### 3・6・1　固体壁面での膨張波の反射

側壁の一方が真っ直ぐで流れに平行な壁面で，もう一方がある位置 からある角度をもって拡大する壁面で構成される2次元の流路において，側壁の拡大する位置から発生した膨張波が，反対側の壁面に到達すると **膨張波は反射** するが，その反射波について説明する．上側が流れに平行に真っ直ぐな壁面，下側が位置 $A$ である角度拡大する流路を超音速流が左から右に流れている．位置 $A$ からは，無数の膨張波が発生するが，

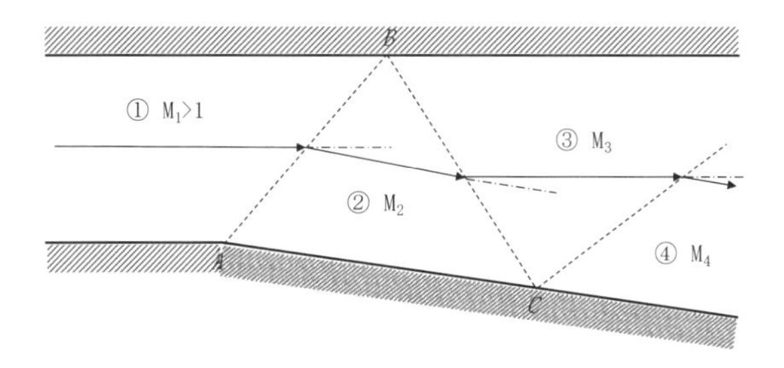


図3・25　壁面での膨張波の反射

最初に発生する膨張波，すなわち **波頭** は膨張波が発生する手前の超音速流のマッハ数 $M_1$ におけるマッハ波として発生し，上側の真っ直ぐな壁面に到達して反射する．最後に発生する膨張波，すなわち **波尾** では，波尾となる膨張波の後の流れのマッハ数 $M_2$ におけるマッハ波が発生し，同様に上側の壁面で反射する．分かり易くするために単純化して膨張波を 1 本で表わした 図 3・25 で説明すると，領域① の流れは上下壁面に平行な流れ，領域② の流れは下側の壁面に平行な流れ，領域③ の流れは上側の壁面に平行な流れとなる．何故ならそれぞれの領域の間には波が存在して波を境にして状態量は変化するがそれぞれの領域内においては波が存在していないので領域内の速度やマッハ数は均一で等しいと言える．このことは，流線は等間隔で平行であり，したがって流線は壁面に平行にならざるを得ず，領域内の流れはすべて壁面に平行な流れとなる．$A$から発生する波は，流路が拡大する箇所から発生するため膨張波であるが，図 3・26 に示すように波後の流線の向きが波前の流線の延長線に対し，波側に偏向しているか反波側すなわち波と反対側に偏向しているかでも **発生する波の種類を判別** することができる．すなわち，図 3・25 において壁面 $AC$ に平行な領域② の流線は，領域① の流線の延長線に対し反波側に偏向しているため，$A$ から発生する波は膨張波である．同様に $B$ で反射した反射波も，上壁面に平行な領域③ の流線が領域② の流線の延長線に対し反波側に偏向しているため，$B$ で反射した反射波も膨張波である．同様に $C$ で反射した反射波も，領域④ の流線が領域③ の流線の延長線に対し反波側に偏向してい

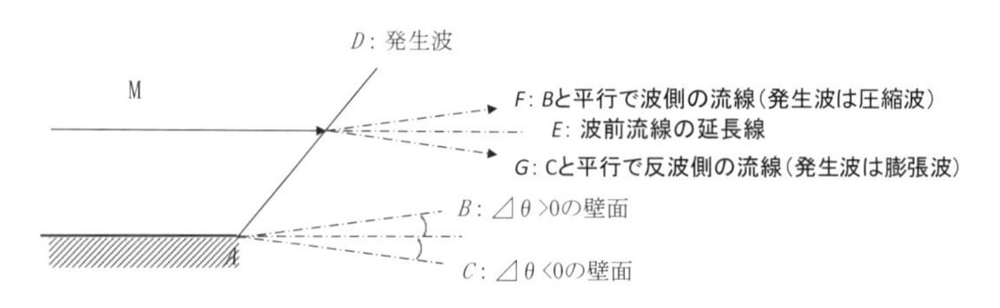


図 3・26 発生波の判別方法

るため，$C$で反射した反射波も膨張波である．いずれの波も膨張波であることから，膨張波を経て流れは加速，減圧するため，各領域の流れの圧力およびマッハ数は，次のようになる．

$$P_1 > P_2 > P_3 > P_4 \tag{3・129}$$

$$M_1 < M_2 < M_3 < M_4 \tag{3・130}$$

これは，2・4 節 のラバルノズルの箇所で，流路断面積を絞って気体の流れを加速させ断面積最小部で音速にし，その音速から超音速に加速するには流路断面積の拡大の必要性を述べたが，超音速流においては，上述のような広がり角度の小さな単純な末広ノズルにおいても，膨張波とその反射波によって，流れは減圧，加速することが理解できる．

### 3・6・2　自由境界面での膨張波の反射

#### (1) 片側が傾斜壁面の場合

次に，側壁の一方が真っ直で流れに平行な壁面で，途中で壁面が途絶えて大気に噴出する一方，反対側の壁面は，ある位置から角度をもって傾斜拡大する壁面で構成される2次元の流路を流れる超音速流で発生する波の反射について考える．この場合，上側の壁面終端から波が発生しない場合を考えると，図3・27 において，領域① の圧力 $P_1$ と流路外の大気圧 $P_a$ が等しいことが必要である．またこれは，上側の壁面終端後に大気に噴出する噴流の圧力が外の大気圧と等しいことから噴流は偏向することなく真っ直ぐに噴出し，大気との境界面である自由境界面が，上側の壁面と一直線上であることを意味する．図 3・27 に図示するが，図 3・25 同様，膨張波を 1 本で表わした図で説明する．領域① の流れは，真っ直ぐな壁面に平行に流れ，領域② の流れは，下側の壁面に平行に流れ，領域③ の流れは，位置 $B$から偏向して形成される自由境界面に平行な流れとなる．下側の流路の拡大に伴って位置 $A$ から発生した膨張波が自由境界面で反射する位置を $B$ とすると，上側の壁面の終端から位置 $B$ までの自由境界面は上側の壁面を延長した直線であるが，位置 $B$ より先の自由境界面の角度は，どうなのだ

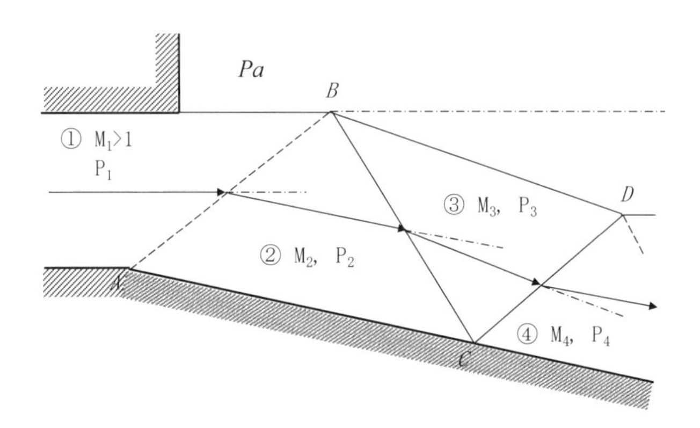


図3・27　自由境界面における膨張波の反射

ろうか．領域③ は，$B$～$D$の自由境界面を介して面で大気と接しているため，圧力は大気圧と等しく $P_3 = P_a$ である．また，領域② は，位置 $A$ から発生する波が膨張波であるため，$P_1 > P_2$ である．従って，

$$P_1 = P_a = P_3 > P_2$$

となり，領域② から領域③ へは，圧力が上昇することになり，位置 $B$ で反射した波は，圧縮波である．従って，領域③ の流線は，領域② の流線の延長線より波側となり，したがってその角度は領域②の流線の角度よりさらに下壁側に偏向することになり，位置 $B$からの自由境界面は，領域② の流線の延長線より下向きとなる．またその角度は下側の壁面よりも大きな角度で下向きに偏向することとなる．また，位置 $C$ で反射した波を通過した流れは，領域④ の壁面と平行に流れる必要があり，これは 領域③ の流線の延長線より波側に偏向することになるため，位置$C$での反射波も圧縮波である．したがって，各領域の圧力とマッハ数の比較は，次のごとくになる．

$$P_4 > P_1 = P_a = P_3 > P_2 \tag{3・131}$$

$$M_4 < M_1 = M_3 < M_2 \tag{3・132}$$

これは，一方向を大気に解放されている二次元の超音速噴流ではもう一方の壁面に沿って流れる特性があることを示している．

### (2) 両側が自由境界面の場合（不足膨張流における膨張波の発生と反射）

次に，上下両壁面が平行で流路の拡大は無いものの，ノズル外領域の大気よりも流路出口部の圧力が高い場合，流路出口両端で膨張波を発生してノズル外領域で膨張・加速・減圧して圧力が大気と釣り合う場合を考える．図 3・28 に図示するが，膨張波は一本で表して説明する．領域① の流れは，まっすぐな壁面に平行に流れ，ノズル外大気圧 $P_a$ に対して $P_1$ が高いため，流路出口端より膨張波を発生して，噴流中心より上下それぞれ外側に開くように膨張・加速，偏向，減圧する．したがって流路外領域で噴流

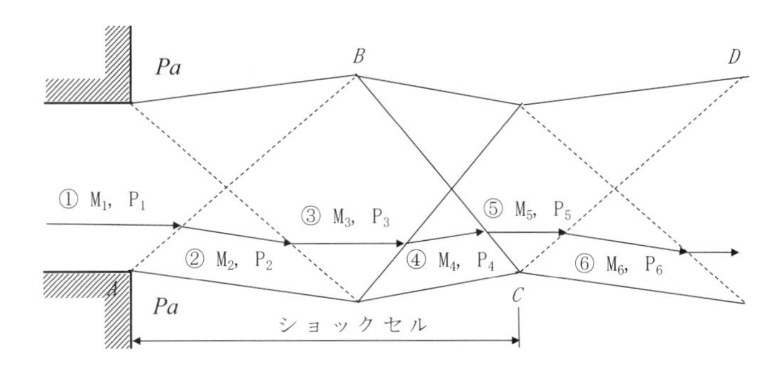


図 3・28　不足膨張流における膨張波の反射

の一番外側の流線となる自由境界面は，外側に開くように角度を持つ．上下の流路出口端から発生した膨張波は中央で交差するが，交差した後の波について考える．領域② の流れは外側に偏向した自由境界面と平行して流れるがその後，反対の流路出口部から発生した波を通過して領域③ に入る．ひし形の領域③ には，上下の流れが入り込むがそ

の内部には衝突面や境界面がなく，上下それぞれから交差後の波を通過した流れが領域③ で一様になって流れるが，これには領域③ の流れの向きは水平である必要がある．領域② の流線の延長線から領域③ の流線を見ると反波側に偏向することになり，したがって交差後の波も膨張波のままである．圧力の増減を確認しておくと，

$$P_1 > P_2 = P_a > P_3$$

となる．領域③ を流れた流れは，**自由境界面の位置$B$で反射した反射波** を通過して領域④ に流れるが，領域④ は大気と面で接しているため $P_4 = P_a$ であり，したがって $P_4 > P_3$ である．それ故位置$B$で反射した波は圧縮波であり，流れは波側すなわち噴流の中心側に向って偏向，増圧，減速する．領域⑤ において上下それぞれから波を通過した流れが一様になって流れるためには，領域⑤ 内の流れは水平である必要がある．領域④ の流線の延長線から領域⑤ の流線を見ると波側に偏向することになり，したがって交差後の波も圧縮波のままである必要がある．以上のように，膨張波の交差と圧縮波の交差が交互に発生するが，これ以後，領域⑤ が領域① の状態となって繰り返されてゆく．実際には大気に噴出させた噴流は，周囲の静止空気を吸引するように速度を生じさせるが，その分噴流自身の運動量を減少させるため，やがて大気に噴出した超音速噴流は亜音速流となってゆく．各領域の圧力とマッハ数の比較は，次のごとくになる．

$$P_1 = P_5 > P_2 = P_4 > P_3 \tag{3・133}$$

$$M_1 = M_5 < M_2 = M_4 < M_3 \tag{3・134}$$

ここで，膨張波の交差と圧縮波の交差が交互に発生する状態を見たが，膨張波の交差と圧縮波の交差のセットを **ショックセル** という．

## 3・7　不足膨張流と過膨張流

先述したようにその内部で流体の流れを加速させるものを ***ノズル*** と言うが，ノズル内出口部の圧力がノズル外の圧力より高い場合，ノズル内で十分加速，減圧しきれていないという意味でその流れを **不足膨張流** という．逆に，ノズル内出口部の圧力がノズ

ル外圧力より低い場合は，ノズル内で加速，減圧し過ぎたという意味でその流れを **過膨張流** という．

### 3・7・1　不足膨張流

超音速ノズルから噴出する不足膨張流のノズルを出たあとの流れは，ノズル外圧力 $P_a$ に対するノズル内出口部圧力 $P_e$ の大きさで異なるが，図示すると 図3・29 のごとくなる．図 3・29 $a$ の場合は，$Pe = Pa$ のため，不足膨張流ではなく **適正膨張流** である．膨張波は発生しないが，ノズル出口後端部の微小な擾乱によってマッハ波が発生する．図 3・26 $b$ の場合は，$Pe > Pa$ のため，ノズル出口後端部から膨張波を発生させて，噴流の静圧がノズル外圧力 $P_a$ と等しくなるまで膨張，加速，減圧してゆく．発生した膨張波は，噴流の自由境界面で反射し，圧縮波を形成する．その後反射する波は，膨張波と圧縮波の発生を繰り返す．図3・26 $c$ の場合，$Pe >> Pa$ のため，ノズル出口部から発生する膨張波による減圧が大きくなり，自由境界面での反射波である圧縮波の一部が重なるようになり，斜め衝撃波が形成される．

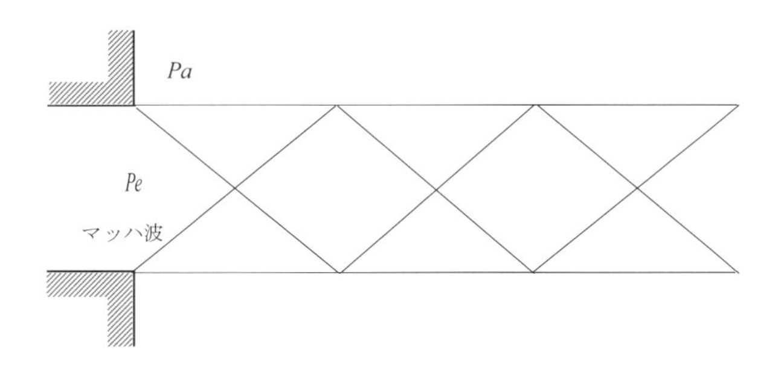


$a$．$Pe = Pa$ の場合

図3・29　不足膨張流

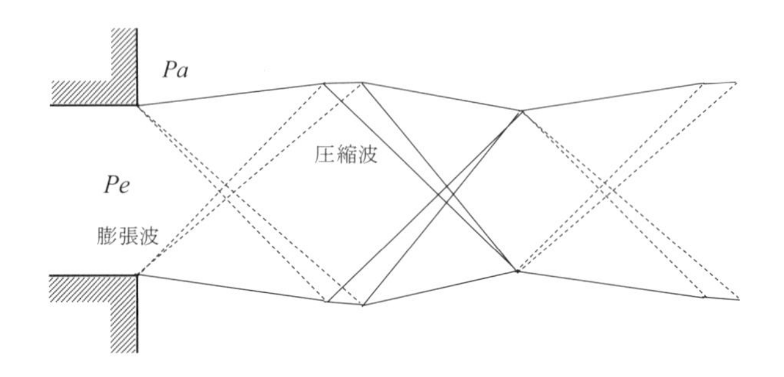


$b$. $Pe > Pa$ の場合

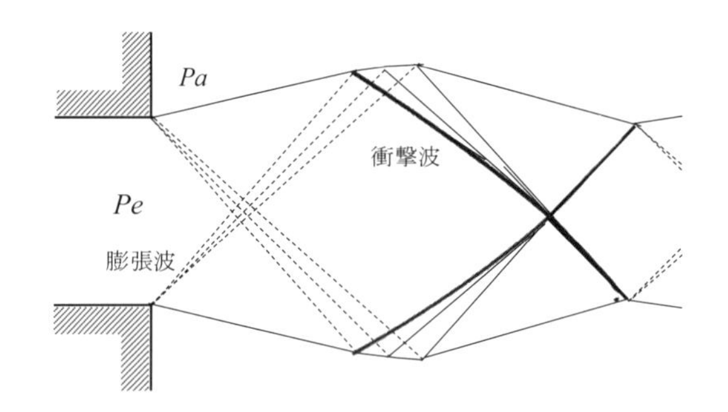


$c$. $Pe >> Pa$ の場合[3]

図3・29 ノズル出口部圧力と不足膨張流の流れ

### 3・7・2 過膨張流

この節では，ノズルから噴出する超音速流のノズル内出口部圧力 $P_e$ がノズル外圧力 $P_a$ よりも低い場合の **過膨張流** の流れについて説明をする．ノズルを出たあとの流れは，ノズル外圧力 $P_a$ に対するノズル内出口部圧力 $P_e$ との関係で異なるが，図

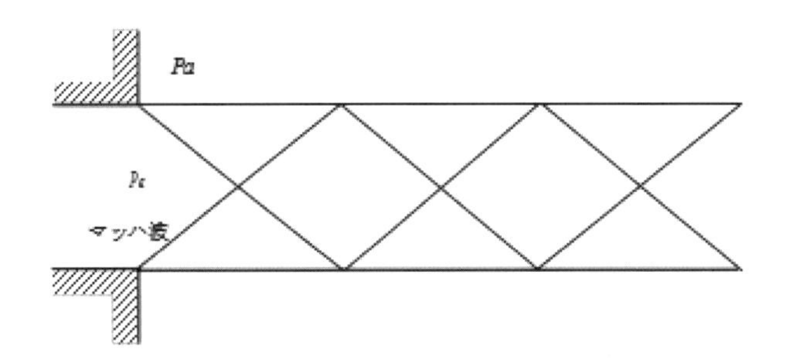


$a$. $Pe=Pa$ の場合

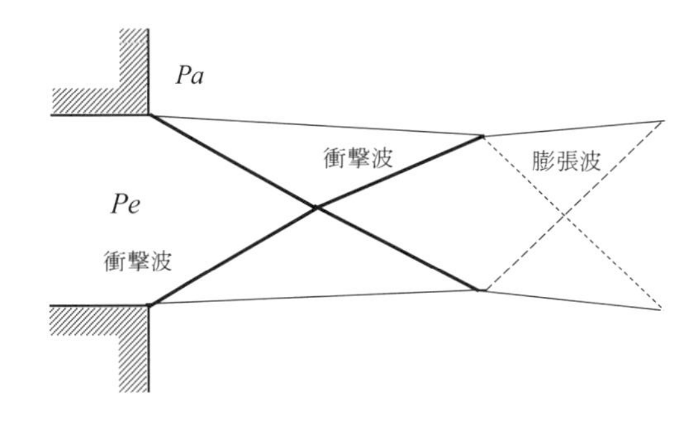


$b$. $Pe<Pa$ の場合

図3・30　ノズル出口部圧力と過膨張流の流れ

示すると 図3・30 のごとくなる．図3・30 $a$ の場合は，$Pe=Pa$ のため，過膨張流ではなく 図 3・29 $a$ と同じく **適正膨張流** である．$Pe=Pa$ のため自由境界面は，ノズル壁面を延長するように真っ直ぐで，圧縮波は発生しないが，ノズル出口後端部が無くなるという微小な乱れ・擾乱によってマッハ波が発生する．$b$ の場合は，$Pe<Pa$ のため，ノズル出口後端部から圧縮波を発生させて，噴流の静圧がノズル外圧力 $P_a$ と

等しくなるまで圧縮と膨張を繰り返し，増圧・減速してゆく.

## 3・8　自由境界面をもつ超音速流れの実際例

### 3・8・1　エアスプレーガンの霧化頭中心部の流れ

中心に塗料を噴出する円筒形の塗料ノズルを持ちその塗料ノズルを囲むように同じく円筒形状の高速空気噴出孔を形成して塗料ノズル先端部に負圧部を形成して塗料を吸引するとともに，この塗料を高速空気噴流によって 図 3・31 にその **生成粒子径分布** を示すように *5〜60μm* の細かな粒子に微細化して自動車のボディ等に美しい薄膜を形成する機能を持つ産業機械に **エアスプレーガン** がある. その噴霧の状況を 図3・32 に, 霧化頭部から噴出する高速空気流の **シュリーレン写真** を 図3・33 に, また **霧化頭部** の空気噴出孔の構成を 図 3・34 に示す. 中心孔と称する中央の円筒状の空気噴出孔から噴出する高速空気噴流が主に塗料の微粒化に機能し, 角穴と称する一対または二対の中実の空気噴出孔からの高速空気流が, 微細化された塗料粒子を含む中心噴霧流に衝突し，噴霧流断面を塗装し易い長楕円形に形成する機能を，また補助孔と称する中実の 1〜5 対の小径の空気噴出孔からの高速空気流が適正な長楕円形状噴霧流形成のための微調整の役割を果たしている. 図3・33 のシュリーレン写真は，霧化頭内部圧力

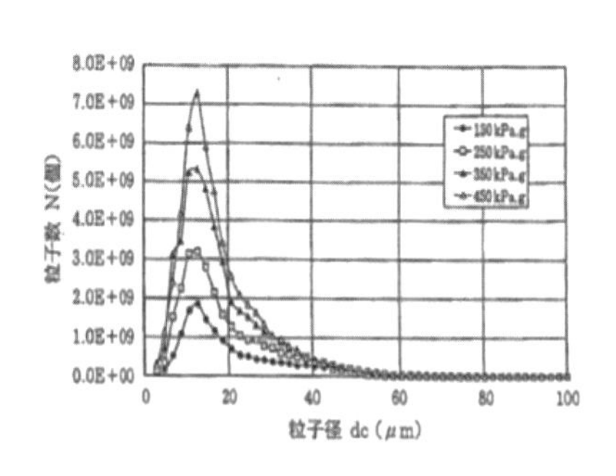


図3・31 塗料の生成粒子径分布[14]

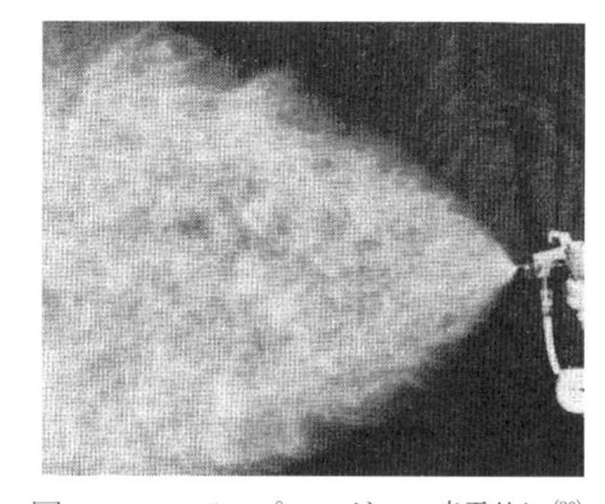

図3・32 エアスプレーガンの噴霧状況[20]

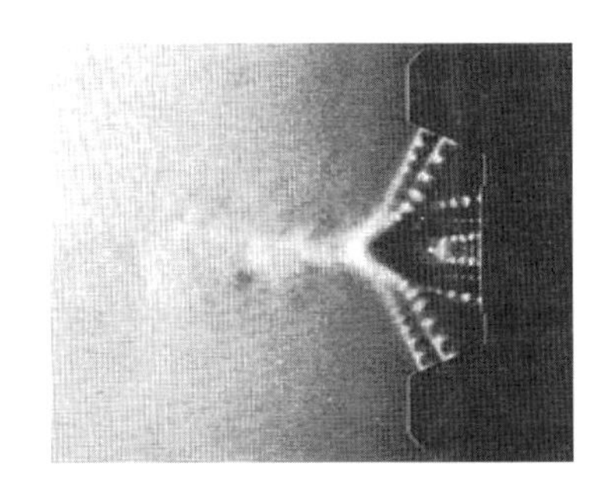

図3・33　霧化頭からの高速空気流のシュリーレン写真[20]

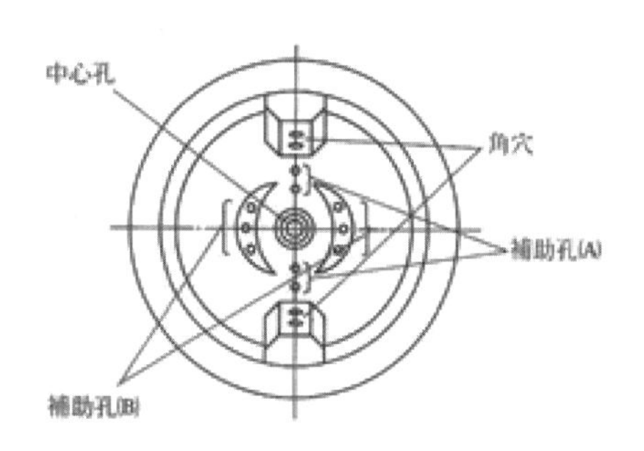


図3・34　霧化頭部の空気噴出孔の構成[20]

が約 *450kPa* の場合で，各孔から噴出する空気流には音速不足膨張流の **ショックセル** を表す濃淡の陰影が現れている．

ここでは，中心孔の噴流の流れに注目する．塗装機の中で使用台数が最も多い自動車補修用エアスプレーガンでは，中心空気流が塗料ノズル先端部につくり出す負圧力によって塗料を吸引しているが，塗料の吸引力を高めるために塗料ノズル先端を中心空気噴出孔出口端面より突出することによって，塗料吸引力を増加させることは経験的に知られている．中心孔からの気体の **音速不足膨張流** が外気に噴出する場合の流れを2次元で考えると，中心孔に相当する空気ノズル流路の上下終端部から膨張波を発生するがこの場合，噴出する噴流は，この空気ノズル流路の上下終端部位置，ならびに噴出した外部の圧力，すなわち噴流の外側の大気圧と内側となる塗料ノズル先端部に形成される負圧域の圧力によって不足膨張流の流れ方が異なる．上下壁面の終端部位置の相違や噴出した空気流の外の外内部の圧力が異なる場合は上下壁面端から非対称に膨張波を発生させて音速不足膨張流は湾曲して噴出することが予測されるが，ここで，エアスプレーガンの先端部を2次元で拡大したモデルを製作し，音速不足膨張流によって発生する波をシュリーレン写真で撮影するとととともに，第3章で説明してきた諸式を用いて発生

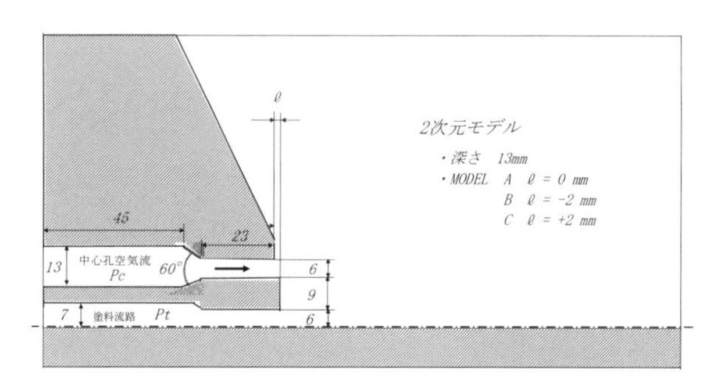


図3・35　エアスプレーガン中心孔部の2次元モデル

する波を計算し，噴流の偏向を比較した結果の例を説明する．

図3・35に霧化頭の中心孔部を拡大して製作した実験モデルを示す．実際は軸対象3次元形状をした構成であるが，軸対象形状であるが故にその半断面を2次元のモデルで構成した．図の斜線で示した部分の厚み（=深さ）は*13mm*で，中心孔空気流の空気噴出ノズル部のアスペクト比（深さ/幅）は*2.2*で，**シュリーレン写真**撮影のため手前と底面の両面を，透明な厚さ*10mm*のアクリル板で挟んだ．塗料ノズル円筒中心が 図3・35の下側の塗料流路の下壁面となる．塗料ノズル先端の突き出し量 $\ell$ は，$\ell = 0$ mm（中心空気流出口と面一），$\ell = -2$ mm（塗料ノズル先端位置が奥まっている），$\ell = +2$ mm（塗料ノズル先端位置が突き出している）の3種類とし，それぞれモデル*A, B, C*　とした．図3・36に，図3・35の実験モデルおけるシュリーレン写真から得た波の形状と，理論的に計算した波の形状の比較を示す．中心空気流ノズル内圧は，$Pc=251.3kPa$ とし，噴出した噴流の外側の大気圧力を *101.3kPa*, 内側の塗料流路先端部の圧力は比較のため実際の測定値を用い，モデル*A, B, C*　に対しそれぞれ $Pt_A = 94.5kPa$, $Pt_B = 94.0kPa$, $Pt_c = 92.6kPa$ とした場合である．尚，各モデルの波の角度および波で囲われた領域の状態量の算出には，式（2・21），式（3・3），式（3・53），

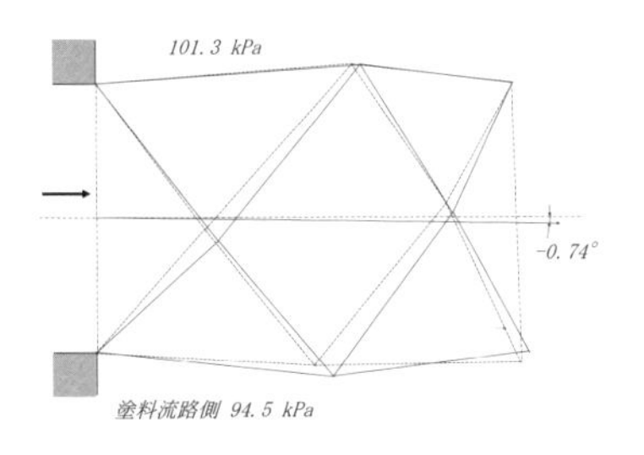


*a*．*MODEL A*　*ℓ = 0mm*（下壁の塗料ノズル先端と上壁の空気キャップ面が同一）

101.3 kPa
−3.11°
塗料流路側 94 kPa

*b*．*MODEL B*　*ℓ = −2mm*（下壁の塗料ノズル先端が 2mm 凹）

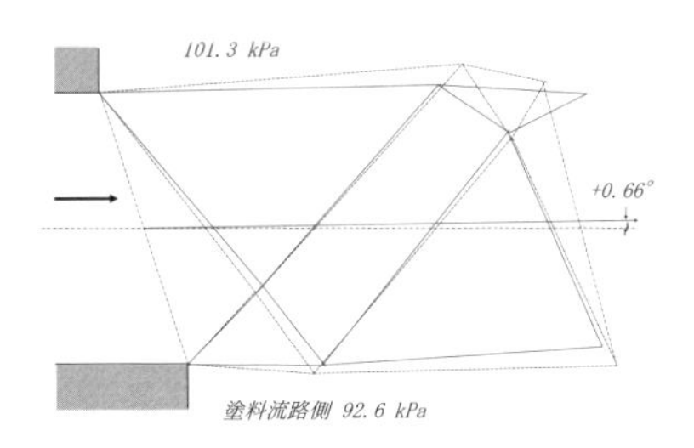


*c*．*MODEL C*　*ℓ =0mm*（下壁の塗料ノズル先端が 2mm 凹）

図 3.36　中心孔空気流に発生する波（本図では，実線：シュリーレン撮影結果，点線：計算結果）

式（3・55），式（3・61），式（3・127）を用いた．また，以上の式を組み合わせて解く中には，単純な方程式として解けない組み合わせがあり，それらはパソコンを使用して数値計算を行った．計算から求めた波の形状はシュリーレン写真から得た波の形状とかなり近似している．したがって，計算からの形状において，膨張波と圧縮波のセットから成る第 1 ショックセル後の中心部位置を特定し，中心空気流ノズル出口部中心とを結んだ線の水平線に対する **偏向角** を計算して表示した．モデル A は中心空気流出口部端が揃っているものの，空気流外側（上側）の大気圧力と内側（下側）の塗料ノズル先端圧力の圧力差によって空気噴流は内側に偏向する．モデルBは中心空気流出口部で内側の壁面が先に終端を迎えるのに加え内外の圧力差が加わり空気噴流は内側に大きく偏向する．モデルCは塗料ノズルが突き出したモデルで，内外の圧力差はあるものの空気流出口部で外側の壁面が先に終端をむかえるため膨張波を先に発生させて空気噴流は外側に偏向する．但し，それ以後のショックセルでは，次第に内外の圧力差によって内側に偏向し，この湾曲によって内側の空気を吸引する空気噴流の内周縁長さすなわち低圧域の外周縁長さが大きい噴流が形成され，圧力が低く低圧面積が大きい **低圧域** を形成することが分かる．したがって塗料ノズル先端を空気キャップ面から突き出すことによって作られるこの大きな低圧域の形成が，塗料の吸引力が増加する理由と考えられる．

### 3・8・2 曲壁面に沿う超音速流れ

3・5・3 項 で超音速流がコーナーを曲がる時に，剥離せずに壁面に沿って曲がる最大角度を，流れのマッハ数 $M$ を関数として 式（3・127）によって算出した値を 図 3・24 に示したが，超音速流では，マッハ数 $M$ が増加するに従って剥離せずに壁面に沿って流れる偏向角度の最大値は大きくなる．図3・37 に示すような手前と底面の両面を透明なアルリル板で挟まれ，上側が大気に開放され，下側が円形の曲壁面を持つ2 次元流路モデルによる **噴流の付着性** の測定例を示す．高速空気流噴出ノズルの幅は *5mm*，アスペクト比（深さ/幅）*2.6* の2次元のノズルからノズル内圧を変化させて圧縮空気を噴出させた．下側の曲壁の曲率半径は，*51mm*，*46mm*，*30mm* の 3 種類 である．図 3・38 に，空気ノズル内圧力 $Pc=240kPa$ 時のシュリーレン写真から得た波の形状と，3・8・1 節と同様に計算で求めた波の形状を比較して示した．全体傾向は近似しているが，図では下面にあたる曲壁面からの反射波から各モデルで計算値との間に少しズレが認められる．シュリーレン写真での観察では，各モデルとも，ノズルより噴出した噴流は，いずれも剥離することなく曲壁面に沿って流れていたが，曲壁面上のノズル出

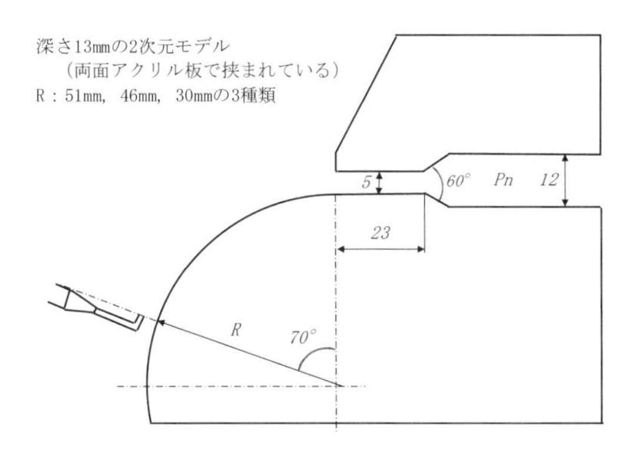


図3・37　曲壁面に沿う超音速流れ2次元モデル

口から70度の位置での総圧分布を測り，この箇所における噴流幅を測定して曲壁面への付着性を調べた．噴流幅は，曲壁面から半径方向に測定した総圧分布から測定最高圧力値 *Ptmax* の *1/10* の位置を噴流端とした．図3・39にその結果を示す．図には，シュリーレン写真より，噴流が超音速になったことを示すノズル出口部での膨張波が存在するノズル内圧領域も示した．ノズル内圧が低い亜音速噴流領域では，噴流と曲壁面の間に形成される低圧渦によるコアンダ効果で，曲壁面に付着しその後曲壁面に沿って流れるがノズル内圧の増加に伴い流れの総圧が上昇するとともに噴流幅も増加する．シュリーレン観察で膨張波の発生が観察された音速流領域に達すると，一旦噴流幅は減少して，曲壁面に強く沿って流れる特性が認められる．その後，ノズル内圧を増加しても噴流幅は微増あるいはほとんど変わらない噴流幅で曲壁面に沿って流れる．すなわち，波の発生によって，曲壁面に沿って流れる特性を持つことが分かる．ただ，噴流幅を総圧部分布での *Ptmax* の *1/10* の位置とした場合，70度の位置での噴流幅は，ノズル出口幅の *1.5*～*1.9* 倍で，曲壁面の曲率半径が小さいほど，噴流幅は小さい．

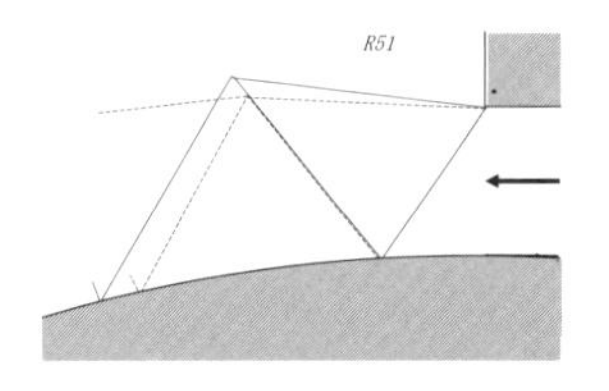


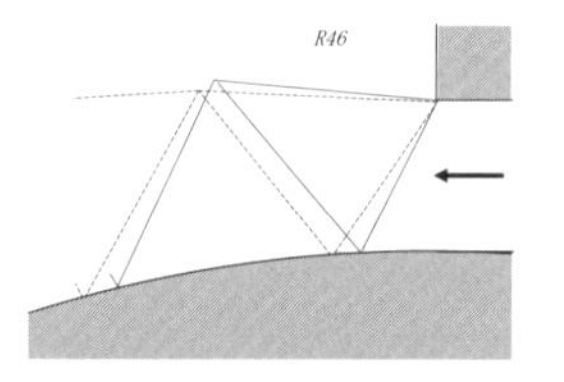


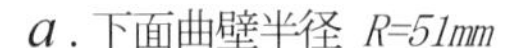
*a*. 下面曲壁半径 *R=51mm*

*b*. 下面曲壁半径 *R=46mm*

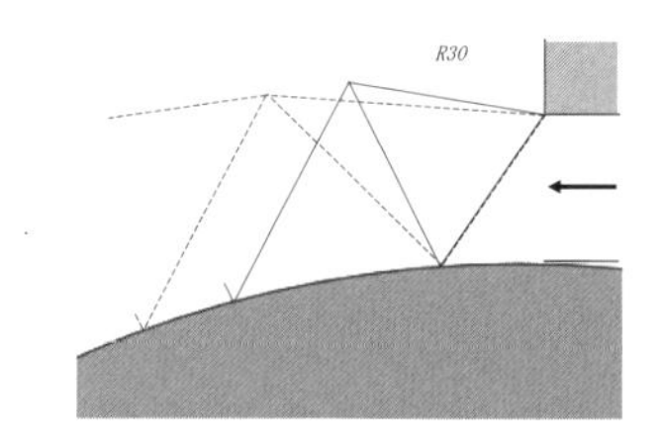


*c*. 下面曲壁半径 *R=30mm*（以上いずれもノズル幅 *D=5mm*）

図3・38　曲壁面に沿う流れに発生する波

（本図では，実線：シュリーレン撮影結果，点線：計算結果）

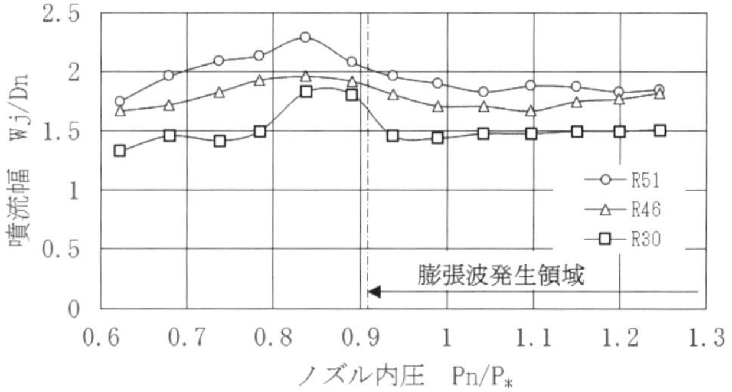

図3・39　曲壁面に沿う噴流の噴流幅（70°の位置）

# 参考文献および参考書一覧


(1)　Ascher H. Shapiro : The Dynamics and Thermodynamics of Compressible Fluid Flow Volume I (1953) The Ronald Press Company New York

(2)　山枡雅信他著：わかる流体の力学 (1994) 日新出版

(3)　松尾一泰：圧縮性流体力学 (1994) 理工学社

(4)　高野暲：流体力学 (1975) 岩波書店

(5)　平山直道：流体力学 基礎機械工学全書 10 (1970) 森北出版

(6)　リープマン，ロシュコ著，玉田珖訳：気体力学 (1962) 吉岡書店

(7)　Hermann.Schlichting : Boundary-Layer Theory 6th Edition (1968) McGRAW-HILL BOOK COMPANY

(8)　J.Seddon : The Flow Produced by Interaction of a Turbulent Boundary Layer with a Normal Shock Wave of Strength Sufficient to Cause Separation (1960) R&M No3502

(9)　西山哲男：流体力学（II） (1971) 日刊工業新聞社

(10)　玉木章夫：流体力学II (1957) 共立出版

(11)　谷一郎：流れ学 第3版 岩波全書 136 (1970) 岩波書店

(12)　フォン・カルマン著，谷一郎訳：飛行の理論 (1971) 岩波書店

(13)　神元五郎：超高速流動における最近の実験装置 日本機械学会誌 Vol-74 No634 (1971)

(14)　森田信義、金子克、松本卓也：エアスプレーガンにより生成される塗料の粒子径分布 塗装工学 Vol.33 No4 (1998) P148

(15) N.ラジャラトナム著、野村安正訳：噴流 (1981) 森北出版

(16) 中林功一、伊藤基之、鬼頭修己：流体力学の基礎(2) (1995) コロナ社

(17) 浅野友一：熱工学 基礎機械工学-5 (1974) 啓学出版

(18) 岩波繁蔵、平山直道編：基礎演習流体力学 (1975) 実教出版

(19) 谷下市松：工業熱力学 基礎編 (1967) 裳華房

(20) 倉林俊雄編：液体の微粒化技術 (1995) アイピーシー

# 索　　引

## ア 行



## カ 行

## サ 行



## タ 行

## ナ　行



## ハ　行

## マ 行



## ヤ 行



## ラ 行

## 著者略歴

**森田 信義**（もりた のぶよし）

昭和22年生まれ．昭和47年関東学院大学大学院工学研究科修士課程修了．同年岩田塗装機工業株式会社（現在のアネスト岩田株式会社）に入社．液体の微粒化の研究ならびに各種霧化塗装機の開発に従事．コーティング開発部長などを経て平成19年に退社，平成26年まで塗面形成技術開発やエアスプレーガン開発を行う．この間，昭和53年～56年に日本機械学会「TE-SC4新しい技術教育とその実践に関する研究調査分科会」委員，平成4年～6年に日本機械学会「RC114最適噴霧制御技術の確立とスプレーテクノロジーの体系化に関する研究調査分科会」委員，平成4年～6年に色材協会塗料部会委員・審議委員，平成6年～平成9年に関東学院大学工学総合研究所研究員， 平成8年～平成13年に日本液体微粒化学会研究部会「用語集編集準備委員会」委員， 平成9年～平成11年に日本塗装機械工業会製機委員会委員長，平成10年～平成26年に日本塗装技術協会理事を務める．昭和51年～平成6年，また平成9年～平成29年の間，関東学院大学工学部，理工学部の非常勤講師として流体力学，空気工学，流体機械，圧縮性流体工学特論などを担当．平成14年博士（工学）．

詳解 圧縮性流体力学の基礎 （理工学基礎シリーズ）

2021年2月10日 初版印刷
2021年2月25日 初版発行

© 著 者 森 田 信 義

発行者 小 川 浩 志

発行所 日新出版株式会社
東京都世田谷区深沢5-2-20
TEL〔03〕(3701)4112
FAX〔03〕(3703)0106
振替 00100-0-6044 郵便番号 158-0081

ISBN978-4-8173-0260-1

2021 Printed in Japan 印刷・製本 (株)誠文堂